编　委　会

主　编： 汤景林　张　蒙　凌仲铭

副主编： 吴健梅　魏　丹　丁向运　黄萧洒

编　委： （以姓氏笔画为序）

丁向运　韦嘉怡　邓　斌　石钰霞　叶友谊

朱韦光　朱俊樸　庄礼凤　汤景林　吴林芳

吴健梅　张　蒙　陈接磷　卓书斌　赵肖婷

凌仲铭　黄晓晶　黄萧洒　黄　毅　覃庆坤

曾　婕　蔡以政　戴石昌　魏　丹

广东中山翠亨国家湿地公园

动植物图鉴

ANIMALS AND PLANTS ILLUSTRATIONS
OF GUANGDONG ZHONGSHAN CUIHENG NATIONAL WETLAND P

汤景林 张蒙 凌仲铭 主编

华中科技大学出版社
http://press.hust.edu.cn
中国·武汉

目录 CONTENTS

广东中山翠亨国家湿地公园及其生物多样性

一、湿地

湿地被称为"地球之肾"，是因为湿地具有调节小气候、涵养水源、调节径流和丰富植物多样性等重要的生态作用。湿地底层主要是湿土，以水生植物为优势种。湿地系统具有水陆过渡性、系统脆弱性、功能多样性和结构复杂性特征，是一种多类型、多层次的生态系统，是人类生存发展的重要保障（王瑞江，2021）。

根据 2010 年实施的湿地分类标准（GB/T 24708—2009），我国湿地可分为三级，其中第一级将全国湿地生态系统分为自然湿地和人工湿地两大类。广东省内自然湿地涵盖近海与海岸湿地、河流湿地、湖泊湿地和沼泽湿地，人工湿地则包括水库、池塘、运河、输水河、水产养殖场、盐田和水稻田等（郭盛才，2011）。

二、湿地公园

根据现行标准，湿地公园是指天然或人工形成，具有湿地生态功能和典型特征，以生态保护、科普教育和休闲游憩为主要功能的公园（CJJ/T 308—2021）。湿地公园以水为主体，以湿地良好生态环境和多样化湿地资源为基础，以生态保护为核心，兼具生态保护、科学研究、观光旅游、科普宣教等多方面功能（王瑞江，2021）。

湿地公园将湿地和公园两者结合起来，集湿地功能与公共活动功能于一体。与其他普通公园最大的区别是既具有优美的自然生态环境，又对水资源的净化和多种动植物的养育起到生态科普作用。

湿地公园具有很高的生态效益价值，比如保护和恢复湿地生物多样性，有效调节气候，给水禽提供栖息地，调节水量，疏通河道等等。

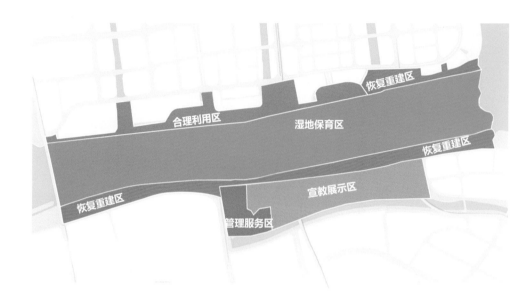

三、广东中山翠亨国家湿地公园简介

广东中山翠亨国家湿地公园位于我国广东省中山市翠亨新区南朗镇横门西水道，总面积 625.6 hm²，其中湿地面积 395.44 hm²，湿地率达 63.21%，是珠江流域河口湿地生态系统的典型代表，对保障区域生态安全，保护珠江河口湿地生态系统和红树林群落具有重要意义。

2019 年 12 月 25 日，翠亨湿地公园通过国家林业和草原局 2019 年试点国家湿地公园验收，正式成为国家湿地公园。

翠亨国家湿地公园的湿地有近海与海岸湿地、人工湿地两大湿地类型，包含河口水域、红树林、淤泥质海滩、潮间盐水沼泽、水田五个湿地类型。公园共划分为五个区，分别为湿地保育区、恢复重建区、宣教展示区、管理服务区和合理利用区。

湿地保育区：该区是湿地公园重要的生态基地，也是红树林集中区域，是保障入海口水质的重要区域，也是湿地公园重要的景观载体。

恢复重建区：该区是湿地公园恢复和重建湿地系统的示范区，是湿地植物的重要基地，也是野生动物栖息地恢复的核心区域。

宣教展示区：该区是湿地公园开展实地科普宣教、生态文明建设和生态休闲的场所。

管理服务区：该区是湿地公园的管理、服务机构和设施的建设区，也是公园的主入口。

合理利用区：该区以和谐发展和宜居环境建设为目标，合理配置湿地景观与休闲体验设施，是游客观赏景观与休憩的湿地区域。

四、广东中山翠亨国家湿地公园生物多样性

1. 植物多样性特征

植物是地球生命的基础，蕴藏着巨大的生态、经济、文化和科研价值，是人类生存和社会可持续发展的战略资源。本书对广东中山翠亨国家湿地公园植物多样性的主要研究对象为维管植物。

在广东中山翠亨国家湿地公园的维管植物结构中，有几类生长于不同环境的类群。水生植物主要有芦苇、荷花、水烛、金银莲花、再力花、粉美人蕉等；湿生植物有池杉、垂柳、斑叶芦竹等；陆生植物多为园林观赏植物和少量野生植物，主要有羊蹄甲、香樟、秋枫、夹竹桃等乔灌木；而作为地被植物的紫叶狼尾草、粉黛乱子草等草本植物是公园内种植面积较大的植物。

此外，红树林植物是广东中山翠亨国家湿地公园的一大亮点。据统计，公园内生长着12种红树林植物，包括典型的真红树植物，如秋茄树、木榄；半红树植物，如草海桐等。相较于内陆湿地公园，红树林植物的存在使广东中山翠亨国家湿地公园具有华南滨海湿地特色。

广东中山翠亨国家湿地公园通过对水体、植物、道路等景观元素的设计，根据场地情况种植了不同的水生植物和陆生植物，又根据植物配置原理种植了乔木、灌木和草本植物，充分发挥了水生植物和陆生植物互相搭配造景的优势，既优化了湿地公园的生态环境，又美化了观赏环境，为广大游客提供了一个优美的休闲场所。

2. 动物多样性特征

野生动物是自然生态系统的重要组成部分，是人类社会赖以存续的物质基础。近四十年来，动物分类学的理论出现了几大学派，学者们对于动物门的数目及各门动物在动物演化系统上的位置持有不同的见解，综合各种意见，可将动物界分为36门（刘凌云，2009），本书对广东中山翠亨国家湿地公园动物多样性的研究主要针对脊索动物门和节肢动物门。

广东中山翠亨国家湿地公园地处珠江流域的河口水域，位于河水和潮水之间，同时受河水与潮水的影响，野生动物资源丰富。此外，横门水道位于广州南沙湿地和淇澳岛中间。因此，广东中山翠亨国家湿地公园与南沙湿地和淇澳岛共同构成了国际候鸟的迁徙通道，为国际候鸟提供了生态栖息地，生态区位尤其重要。

温暖湿润的气候条件和复杂多样的自然环境孕育了广东中山翠亨国家湿地公园内丰富而独特的动物类群，尤以鸟类资源突出，具有重要的生态、科研和美学价值。优渥的自然地理环境为国家一级重点保护动物小灵猫提供了良好的栖息地。

广东中山翠亨国家湿地公园通过基础设施的科学设计与植被的合理配置，不但为野生动物优化了宜居环境与生物廊道，也为游客提供了与自然和谐相处的美好环境，有助于提高全民文化素质，成为宣扬生态文明理念的重要自然教育基地。

广东中山翠亨国家湿地公园动植物种类详述

一、范围和对象

范围以广东中山翠亨国家湿地公园为主，亦包括其周边地区。对象为近海与海岸湿地、人工湿地常见的动植物资源。

在收录种类的选择上，由于篇幅限制，兼之以对于自然爱好者的科普教育为主要目的，本书最终收录广东中山翠亨国家湿地公园及其周边地区共计300种常见动植物，希望能帮助更多读者了解广东中山翠亨国家湿地公园，提升对湿地生物多样性及其重要性的认识。

二、各论

本书从基础知识、物种分类、形态、分布、习性特征及趣味知识等方面，结合优美的摄影照片，图文并茂地介绍了300种翠亨国家湿地公园常见动植物。采用现代流行的分子分类系统进行编排，各类别的物种按科、种的中文拼音进行排序，并附名称索引。

植物篇收录了194种被子植物、3种裸子植物与3种蕨类植物，并对湿地公园中的12种红树林植物进行介绍。

动物篇则涵盖70种脊椎动物和30种节肢动物，脊椎动物包括50种鸟类、10种两栖动物与10种爬行动物。

植物篇

植物基础知识

一、习性

藤本： 茎干细长，不能直立，匍匐于地面或攀附其他物体而生长的植物，如鸡矢藤、海刀豆等。

鸡矢藤 ▶

草本： 茎干柔软，植株矮小，茎内木质部不发达，木质化组织较少的植物，如萱草等。

萱草 ▶

灌木： 植株较为矮小，无明显主干，近地面处枝干丛生的木本植物，如锦绣杜鹃、紫薇等。

锦绣杜鹃 ▶

乔木： 一般植株高大，主干显著而直立，在距离地面较高处的主干顶端繁盛分枝而形成广阔树冠的木本植物，如凤凰木、苦楝等。

凤凰木 ▶

二、花的结构（以完全花为例）

雄蕊：花的雄性生殖器官，由花药和花丝组成。

雌蕊：花的雌性生殖器官，由柱头、花柱、子房组成。

花瓣：花冠的单个裂片。

萼片：环绕花瓣的裂片，多呈绿色；在花蕾期，常包裹住花蕾，对花蕾起保护作用。

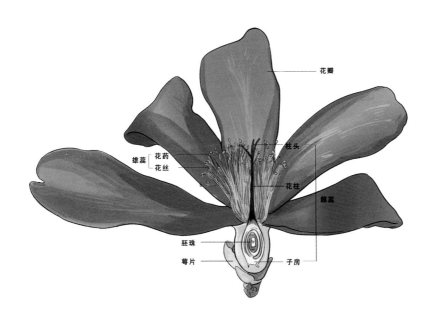

三、叶序

叶在茎上排列的方式称为叶序。

1. 二列状对生

2. 二列状互生

3. 螺旋状对生

4. 螺旋状互生　　　　　5. 轮生　　　　　6. 莲座状互生（簇生）

四、叶型

按一个叶柄生长的叶片数量来分类。

1. 单叶　　　　　2. 三出羽状复叶　　　　　3. 五出（以上）掌状复叶

4. 一回奇数羽状复叶　　　5. 一回偶数羽状复叶　　　6. 二回奇数羽状复叶

特别说明：叶序和叶型图片，均由汪远先生提供，在此致谢。

7. 二回偶数羽状复叶　　　8. 三回奇数羽状复叶

五、水生植物分类

挺水植物：叶片和花都在水面之上，根生长在泥里，生在水较浅的湿地中，涵盖了水生与陆生植物的两重特性。如荷花、再力花、水烛等。

荷花 ▶

浮水植物：叶片浮在水面，花离开水面，根生长在泥里。如睡莲、金银莲花、粉绿狐尾藻等。

睡莲 ▶

漂浮植物：叶片在水面，根须漂浮可移动。对于这类植物，需要控制它们的繁殖速度，避免过度生长对湿地生态造成影响。如凤眼莲、浮萍等。

凤眼莲 ▶

沉水植物：在水底生长，观赏性较弱，可净化水质，可以吸收和降解水体中的营养物质。如苦草、黑藻、狐尾藻等。

苦草 ▶

六、红树林植物分类

我国天然红树林植物分布在福建、广东、广西、海南、台湾、香港及澳门等地。红树林植物主要生长在高盐、强酸性土壤等环境中。在长期的适应演化过程中，红树林植物衍生出四大特征，分别是胎生现象、皮孔丰富、奇特根系和拒盐／泌盐现象。根据不同特性，红树林植物可以分为以下3类。

真红树植物： 专一性地生长在潮间带的木本植物。不能在陆地生存，具有胎生、泌盐等特点，如木榄、秋茄树等。

木榄 ▶

半红树植物： 能生长在潮间带，也能在陆地非盐渍土壤生长的两栖木本植物。如黄槿等。

黄槿 ▶

红树林伴生植物： 偶尔出现在红树林或林缘，但不能成为优势种的木本植物或出现于红树林下的附生植物、藤本植物和草本植物等。如厚藤等。

厚藤 ▶

被子植物

　　被子植物是植物界最高级的一类，自新生代以来，它们在地球上有着绝对优势。现知全世界被子植物共有二十多万种，占植物界总数的一半以上。我国已知的被子植物有 3 万余种。典型的被子植物由花萼、花冠、雄蕊群、雌蕊群 4 部分组成。

001.萱草

Hemerocallis fulva

别名： 忘忧草、金针菜

科属： 阿福花科萱草属

描述： 草本。叶基生，条形。花冠漏斗形，橘黄色。花期6～8月，果期8～9月。生于山坡路边或溪边草丛中。分布于我国南部。

　　萱草在我国种植很早。两千多年前《诗经》中的《国风·卫风·伯兮》描述道："焉得谖草？言树之背。愿言思伯，使我心痗。"谖草，即今天的萱草。

002.花叶山菅

Dianella tasmanica 'Variegata'

别名： 银边山菅兰

科属： 阿福花科山菅兰属

描述： 草本。叶狭条状披针形，边缘白色。圆锥花序；花朵多，为绿白色、淡黄色或青紫色。浆果紫蓝色。花果期3～10月。

花叶山菅为栽培品种，叶姿优美。常片植于林下、林缘、山石边，景观效果极佳；也可盆栽于阳台观赏。

003.大蕉

Musa sapientum

别名： 芭蕉

科属： 芭蕉科芭蕉属

描述： 大型草本。叶长 1.5 ~ 3 m，宽 0.6 m。穗状花序下垂；苞片紫红色；花被片黄白色，雄花脱落。果皮青绿色，成熟后变黄色；果肉黄白色，微香。无种子或少数种子。我国广东、福建、海南、广西、云南均有栽培。

开花时，花朵内充满花蜜，不仅吸引昆虫前来采蜜，甚至连鸟类如叉尾太阳鸟、暗绿绣眼鸟等都前来吸食，是一种很好的蜜源植物。

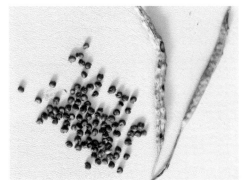

004.醉蝶花

Tarenaya hassleriana

别名： 紫龙须、蜘蛛花

科属： 白花菜科醉蝶花属

描述： 草本。掌状复叶，两面被毛。总状花序；花瓣粉红色。蒴果圆柱形。花果期3～10月。原产于美洲热带地区。我国南方和北方均有栽培。

株型轻盈飘逸，盛开时像蝴蝶飞舞，具有很高的观赏性。常用于布置花坛、花境，或作观赏盆栽。

005.蓝花丹

Plumbago auriculata

别名: 蓝雪花

科属: 白花丹科白花丹属

描述: 亚灌木。高约1m, 多分枝, 上端呈蔓状。叶片薄, 菱状卵形。穗形总状花序, 具18～30朵花; 花冠淡蓝色。花期几乎全年。我国广东常见栽培。

淡蓝的花瓣薄如蝉翼, 非常雅致, 有很高的观赏性。不耐干旱, 几乎需要每天浇灌。

006.柽柳

Tamarix chinensis

别名： 红柳、西河柳

科属： 柽柳科柽柳属

描述： 柽读 chēng。灌木或小乔木。叶鲜绿色，钻形。总状花序；花紫红色，肉质。蒴果圆锥形。每年开花 2～3 次，花期 4～9 月。多生长于河流冲积平原、滩头、盐碱地及荒地。我国广东常见栽培。

007.车前

Plantago asiatica

别名： 蛤蟆叶、车轱辘菜

科属： 车前科车前属

描述： 草本。叶基生，呈莲座状。穗状花序；花冠白色，细小。蒴果。花期 4～8 月，果期 6～9 月。生于草地、沟边、田边、路旁。分布于我国各省份。

　　全草和种子药用，有清热、利尿的作用。相传西汉霍去病跟匈奴对战时，时值夏季，水源不足，士兵纷纷出现尿赤、尿痛等症状。但是同行马匹却安然无恙，后马夫无意发现是因为马匹吃了战车前的一种野草，于是士兵们也食用这种野草，药到病除。此草因此得名"车前草"。

008.冬红

Holmskioldia sanguinea

别名: 帽子花

科属: 唇形科冬红属

描述: 灌木,小枝四棱形,具四槽。叶对生,膜质。聚伞花序;花萼橙红色,圆锥形如圆碟;花冠朱红色。果实倒卵形,包藏于宿存扩大的花萼内。花果期冬末春初。我国华南地区常见栽培。

冬红的花萼片扩展形似帽檐,故又称帽子花。花色鲜艳,常引来叉尾太阳鸟等啄食花蜜。

009.穗花牡荆

Vitex agnus-castus

科属: 唇形科牡荆属

描述: 灌木,小枝四棱形。掌状复叶,小叶4~7片,小叶片斜披针形。聚伞圆锥花序,花萼钟状,具5齿;花冠紫蓝色,5裂,二唇形。核果近球形。花期7~8月。原产于欧洲。我国南方城市常见栽培。

穗花牡荆可与常绿灌木搭配,是时令花卉,也是花境、庭院、道路两侧十分优秀的配景植物。

010.山牡荆

Vitex quinata

别名： 乌甜

科属： 唇形科牡荆属

描述： 乔木。掌状复叶，小叶3～5片。顶生圆锥花序；花萼钟状，微具齿；花冠淡黄色，二唇形。核果卵圆形。花期5～7月，果期8～9月。生于山坡林中。分布于我国长江以南各省。

其木材适于作桶、门、窗、天花板、文具、胶合板等用材。

011.蓝蝴蝶

Rotheca myricoides

别名：乌干达赪桐

科属：唇形科三对节属

描述：灌木。叶对生，倒卵形。花冠蓝白色，唇瓣蓝紫色，花瓣完全平展；杯形萼片5裂；有4条细长向前直出弯曲的紫白色的雄蕊。花期春至秋季。原产于非洲乌干达，我国广东常见栽培。

花形别致，盛开时雄蕊修长展开，如翩翩起舞蝴蝶的触角，因此得名"蓝蝴蝶"。极富观赏性。

012.飞扬草

Euphorbia hirta

别名： 乳籽草、大飞扬

科属： 大戟科大戟属

描述： 草本。叶面有时具紫色斑，两面均具柔毛。花序密生成头状。蒴果三棱状。花果期6～12月。生于路旁、草丛及山坡。分布于我国华东、华中、华南、西南地区。

　　飞扬草是广东常见的野草之一。掐断它的茎，有白色乳汁流出。全草入药，可治痢疾、肠炎、皮肤湿疹、皮炎、疖肿等；鲜汁外用可治癣类。

013.通奶草

Euphorbia hypericifolia

别名： 小飞扬草

科属： 大戟科大戟属

描述： 草本，茎直立，高15～30 cm。叶对生，狭长圆形，叶面深绿色，有时略带紫红色。单性花，雌雄同株。蒴果三棱状。花果期8～12月。生于旷野、荒地、路边及灌丛。分布于我国长江以南各省。

全草入药，有通奶功效，因此得名"通奶草"。

014.红背桂

Excoecaria cochinchinensis

别名： 红紫木、紫背桂

科属： 大戟科海漆属

描述： 灌木，有白色乳汁。叶片表面深绿色，背面紫红色。单性花，雌雄异株；穗状花序；黄色，无花瓣。蒴果球形，具3圆棱，橘红色。花期全年。生于丘陵、灌丛中。

因其叶背为红色而得名"红背桂"。南方城市常栽种于公园、绿地、住宅区作绿篱。

015.红桑

Acalypha wilkesiana

别名：绿桑

科属：大戟科铁苋菜属

描述：灌木。叶卵形或阔卵形；古铜绿色，常杂有红色或紫色；叶有不规则锯齿。单性花，雌雄同株。花期5月和12月。蒴果。原产于太平洋岛屿。我国南方有栽培。

　　红桑叶色美丽，品种繁多，是我国华南地区优良的绿篱和基础种植材料，是常见的园林观叶植物。

016.乌桕

Triadica sebifera

别名: 腊子树

科属: 大戟科乌桕属

描述: 乔木。叶片菱形,顶端尖。单性花,雌雄同株;总状花序顶生。蒴果黑色。种子近球形,外薄被白色蜡质的假种皮。花期 4 ~ 8 月,果期 7 ~ 11 月。分布于我国长江以南各省份。

深秋时节,乌桕的老叶经霜变红,正如唐代诗人杜牧所写"霜叶红于二月花"。乌桕是颇有观赏价值的秋色叶类树种,适合乡土绿化。

017.血桐

Macaranga tanarius var. *tomentosa*

别名： 橙桐、面头果

科属： 大戟科血桐属

描述： 乔木。叶近圆形，盾状着生。单性花，雌雄同株；圆锥状花序；黄绿色。蒴果密被颗状腺体和数枚软刺。花期4～5月，果期4～7月。生于沿海低山灌木林或次生林中。分布于我国华南地区。

其枝条破损后流出的汁液被空气氧化后呈血红色，如鲜血一般，因此得名"血桐"。常栽植于海岸作水土防护树或于公园等地作绿荫树。

018.琴叶珊瑚

Jatropha integerrima

别名： 南洋樱、琴叶樱

科属： 大戟科麻风树属

描述： 灌木。单叶，互生；叶基有2～3对锐刺。单性花，雌雄同株；花紫红色。蒴果球形，具3棱。花果期全年。原产于美洲西印度群岛。我国华南地区常见栽培。

　　叶形似中国乐器中的古琴而得名"琴叶珊瑚"。其雌花长在花序的中心，侧生4～6朵雄花。雌花先开，周围的雄花后开，异花授粉，以保障下一代的质量。

▲ 雄花

▲ 雄花

雌花

雄花

019.蓖麻

Ricinus communis

别名: 大麻子

科属: 大戟科蓖麻属

描述: 灌木状草本。叶掌状。圆锥花序;单性花,无花瓣;雌花淡红色,雄花淡黄色。蒴果有软刺。种子椭圆形,有淡褐色斑纹。花期3~8月,果期6~12月。原产于非洲。我国各地均有栽培。

蓖麻全株有毒,种子毒性最大。种仁所含的蓖麻毒素是已知较毒的植物蛋白素。小孩误食蓖麻子3~4粒,成人20粒即会中毒死亡。应加强该物种的种植管理,避免误食。

020.山黄麻

Trema tomentosa

科属： 大麻科山黄麻属

描述： 灌木或乔木。叶纸质或薄革质，叶面极粗糙。单性花，雌雄同株。花期3～6月，果期9～11月。生于湿润河谷和山坡混交林中，或空旷山坡。分布于我国华南、西南地区。

山黄麻是我国华南地区低海拔常见的野生植物之一，也是柱菲蛱蝶 (*Phaedyma columella*)、芒蛱蝶 (*Euripus nyctelius*) 的寄主植物。

021.朴树

Celtis sinensis

别名： 小叶朴

科属： 大麻科朴属

描述： 落叶乔木。叶革质，宽卵形。花杂性（两性花和单性花同株）；花被片4，被毛。核果近球形。花期3～4月，果期9～10月。生于路旁、山坡、林缘。分布于我国长江以南各省份。

朴树的叶片非常有特色，以中脉为对称轴，左右两侧大小是不均衡的，一边大，一边小。此外，它也是黑脉蛱蝶（*Hestina assimilis*）的寄主植物。

022.鸡冠刺桐

Erythrina crista-galli

科属：豆科刺桐属

描述：小乔木。羽状复叶，具3小叶；叶柄具皮刺。总状花序顶生；花萼钟状；花深红色。荚果圆柱形。种子亮褐色。原产于巴西。我国广东有栽培。

花形奇特，旗瓣硕大，鲜红如公鸡的冠，因此得名"鸡冠刺桐"。果实成熟后，水分减少，干燥果皮会产生张力，将种子弹射出去，实现自力传播。

023.白灰毛豆

Tephrosia candida

别名： 山毛豆

科属： 豆科灰毛豆属

描述： 灌木状草本。羽状复叶，小叶 17～25 片。总状花序；花冠白色。荚果直，线形，密被毛。种子具斑点。花果期10～12月。原产于印度和马来半岛。我国广东引种种植，后逸生于草地、旷野、山坡。

适应能力极强，野外常见逸生。果实成熟后，会产生巨大的力量，发出巨响，把种子弹射出去，炸裂后的果壳扭曲如螺旋。

024.田菁

Sesbania cannabina

别名： 向天蜈蚣

科属： 豆科田菁属

描述： 亚灌木状草本。偶数羽状复叶，小叶 20 ～ 40 对。花白色。荚果细长圆柱形，可长达 22 cm。种子短圆柱形。花果期 7 ～ 12 月。通常生长于水田、水沟等处。原产于印度、马来西亚等地。我国南方有栽培或逸为野生。

　　茎、叶可作绿肥及牲畜饲料。

025.假地豆

Desmodium heterocarpon

别名： 山地豆

科属： 豆科山蚂蝗属

描述： 灌木。3 小叶。总状花序；花冠紫色或白色。荚果密集，窄长圆形，有 4～7 荚节。花果期 7～11 月。生于山坡、草地、灌丛或林中。分布于我国长江以南各省份。

全株可供药用，能清热，治跌打损伤。此外，也是长尾蓝灰蝶、中环蛱蝶的寄主植物。

026.鱼藤

Derris trifoliata

科属：豆科鱼藤属

描述：攀援灌木。羽状复叶，小叶 3～7 片。总状花序腋生；花萼钟状；花冠白色或粉红色。荚果圆形，扁平。花期 4～8 月，果期 8～12 月。多生于沿海河岸灌木丛或近海岸红树林中。分布于我国华南地区。

027.圆叶舞草

Codoriocalyx gyroides

科属： 豆科舞草属

描述： 灌木。3 小叶，顶生小叶椭圆形。总状花序腋生或顶生；花冠紫色。荚果呈镰刀状弯曲，有荚节 5～9。花果期 9～11 月。生于平原、河边草地及山坡疏林中。分布于我国广东、广西、云南、海南。

028.猪屎豆

Crotalaria pallida

别名： 黄野百合

科属： 豆科猪屎豆属

描述： 灌木状草本。三出掌状复叶。总状花序顶生；花萼近钟状；花冠黄色，旗瓣开花后反折。荚果长圆状圆柱形。花果期 5～12 月。生于山坡、路边及草丛。分布于我国华南、华中、华东及西南地区。

　　嫩枝叶和种子有毒，含生物碱。中毒症状有头晕、头痛、恶心、呕吐、食欲不振，中毒严重者可能死亡。

029.蔓草虫豆

Cajanus scarabaeoides

别名： 虫豆

科属： 豆科木豆属

描述： 蔓生藤本。羽状复叶，具3小叶。总状花序腋生；花萼钟状；花冠黄色。荚果长圆形。花期9～10月，果期11～12月。生于旷野、路旁或山坡草丛中。分布于我国华南、西南地区。

叶可入药，有健胃、利尿作用。

030.台湾相思

Acacia confusa

别名： 台湾柳、相思树

科属： 豆科相思树属

描述： 乔木。小叶退化；叶柄呈披针形的叶片状，微呈镰形。头状花序单生或2～3个簇生于叶腋；花黄色，有微香。荚果带形，扁平。花期4～6月，果期5月至翌年2月。原产于我国台湾南部。我国华南地区有栽培。

喜暖热气候，不耐寒，抗风力强，萌芽性强，生长较快，常作防护林和园林绿化树。

031.马占相思

Acacia mangium

科属： 豆科相思树属

描述： 乔木。叶状柄纺锤形。穗状花序腋生；花淡黄白色，密生。荚果带形，旋转。花期8～10月，果期11月至翌年6月。原产于澳大利亚、巴布亚新几内亚等地。我国华南地区有引种。

荚果成熟后裂开，会露出橙黄色的珠柄悬挂着黑色种子，可吸引动物，常被蚂蚁等搬运回巢，种子在无意中得到传播。

032.大叶相思

Acacia auriculiformis

别名： 耳叶相思

科属： 豆科相思树属

描述： 乔木。幼苗具羽状复叶，后退化为镰状披针形的叶状柄。穗状花序腋生；花橙黄色，芳香。荚果卷曲成环状。花期8～10月，果期11月至翌年4月。原产于澳大利亚、新西兰等地。我国华南地区有引种。

马占相思、台湾相思和大叶相思，它们真正的叶子是羽状复叶，在幼苗时才能看到。我们所看到的大树上那些像叶子的，其实是叶柄。

033.珍珠相思树

Acacia podalyriifolia

别名：银叶金合欢

科属：豆科相思树属

描述：灌木或小乔木。树皮灰绿色，平滑。叶状柄宽卵形，被白粉，呈灰绿色至银白色。总状花序；花黄色。荚果扁平。花期1～3月。我国华南地区有栽培。

　　叶状柄被白粉，呈现银白色，所以别名"银叶金合欢"。春天开花的时候，朵朵芬芳的金黄毛球状花，叶片轻柔如羽毛，形态美观，观赏性高。

034.含羞草

Mimosa pudica

别名: 怕羞草

科属: 豆科含羞草属

描述: 亚灌木状草本。二回羽状复叶。头状花序近球形;花粉红色。荚果疏生刚毛。花果期5~12月。原产于美洲热带地区。我国华南地区作为观赏植物引入,现有归化趋势。

受到触碰后,叶片上的叶枕因受到刺激而控制细胞液,引起叶片闭合并下垂,宛如小姑娘害羞的神态,所以得名"含羞草"。

035.光荚含羞草

Mimosa bimucronata

别名： 簕仔树

科属： 豆科含羞草属

描述： 落叶灌木。二回羽状复叶。头状花序球形；花白色。荚果条状长圆形。花果期 5～11 月。原产于巴西、阿根廷。我国华南地区均有栽培或逸生。

20 世纪 50 年代，广东中山引入该物种。其适应性强，生长速度快，竞争力强，形成了单优群落，排挤甚至杀死本地物种，造成严重的生态危害。

036.金凤花

Caesalpinia pulcherrima

别名： 黄金凤、洋金凤

科属： 豆科云实属

描述： 灌木或小乔木。二回羽状复叶，小叶 10 ~ 24 片。总状花序顶生；花黄色或橙黄色。荚果近条形，扁平。花果期全年。原产于美洲的巴哈马群岛和安的列斯群岛。我国华南地区常见栽培。

　　金凤花花形奇特，雄蕊众多且修长，伸出至花朵外面，像蝴蝶的触角。盛花时节，犹如一群彩蝶飞舞，非常壮观。

037.银合欢

Leucaena leucocephala

别名：白合欢

科属：豆科银合欢属

描述：乔木。二回羽状复叶。头状花序球形；花白色。荚果带形。花果期 4～11 月。原产于美洲热带地区。我国华南地区有栽培或逸生。

我国作为造林植物引入。种子萌发率高，生长快速并自带固氮能力，适应能力强，并出现蔓延趋势，对本地物种及其他生态链会造成一定的影响。

038.朱缨花

Calliandra haematocephala

别名： 美蕊花、红绒球

科属： 豆科朱缨花属

描述： 灌木。二回羽状复叶，小叶7~9对。头状花序腋生；花冠管淡紫红色，雄蕊显著露于花冠之外。荚果线状倒披针形。花期全年。原产于美洲热带地区。我国华南地区普遍栽培。

　　朱缨花具有显著的豆科夜感应性。傍晚光线昏暗的时候，叶片会闭拢，呈垂直状；早上天亮后，叶片又慢慢舒展开来，呈水平线形。

039.凤凰木

Delonix regia

别名： 凤凰花、红花楹

科属： 豆科凤凰木属

描述： 落叶大乔木。二回羽状复叶，小叶 40～80 片。总状花序；花瓣红色，有黄及白色花斑。荚果条形，扁平，下垂。花期 5～7 月，果期 8～10 月。原产于非洲马达加斯加。我国华南地区常见栽培。

树形优美，树冠高大，枝叶繁茂。花开之际，满树如火。"叶如飞凰之羽，花若丹凤之冠"，因此取名"凤凰木"。可作观赏树和绿化树。

040.红花羊蹄甲

Bauhinia × *blakeana*

别名： 洋紫荆

科属： 豆科羊蹄甲属

描述： 乔木。叶革质，近圆形，基部心形，先端2裂。总状花序；花大；花瓣紫红色。花期全年。通常不结果。世界各地广泛栽培。

红花羊蹄甲是美丽的观赏树木，在我国香港和台湾被称为"洋紫荆"。

041.黄花羊蹄甲

Bauhinia tomentosa

科属： 豆科羊蹄甲属

描述： 直立灌木。叶纸质，近圆形，基部浅心形，先端2裂。侧生花序1~3朵；花淡黄色。荚果带形，扁平。原产于印度。我国广东有栽培。

根皮和花可用于治疗痢疾，亦可为溃疡外敷药；种子可榨油；木材纹理细，可做农具及枪托。

042.白花洋紫荆

Bauhinia variegata var.

candida

别名： 白花宫粉羊蹄甲

科属： 豆科羊蹄甲属

描述： 乔木。叶下通常被短柔毛。花瓣白色，近轴的一片（或有时全部）花瓣均杂以淡黄色的斑块；花无退化雄蕊。果荚带形，扁平。花期1~4月。我国云南常见野生，广东常见栽培。

可供观赏。花可食用。

043.洋紫荆

Bauhinia variegata

别名： 宫粉羊蹄甲

科属： 豆科羊蹄甲属

描述： 落叶乔木。叶形变化较大，圆形至阔卵形，先端2裂，基部心形。花大；粉红色或白色，具紫色线纹。荚果条形，扁平。花期3~5月，果期5月至翌年3月。生于丛林中。我国华南地区常见栽培。

洋紫荆花色美丽并微带芳香，开花期长，生长迅速，可作行道树或庭园树。

044.腊肠树

Cassia fistula

别名： 猪肠豆、阿勃勒

科属： 豆科腊肠树属

描述： 乔木。羽状复叶，小叶 3～4 对。总状花序下垂；花冠黄色；雄蕊 10 枚。荚果圆柱状，不开裂。花期 5～8 月，果期 8～10 月。原产于印度、缅甸、斯里兰卡。我国华南地区常见栽培。

荚果圆柱形，肥硕长形，像一条条灌制的肉腊肠，所以得名"腊肠树"。开花时满树金黄，非常美丽，花瓣会随风如雨落下，故又名"黄金雨"。腊肠树是泰国的国花。

045.黄槐决明

Senna surattensis

别名： 豆槐、黄槐

科属： 豆科决明属

描述： 小乔木。偶数羽状复叶，小叶7～9对，长椭圆形。花瓣鲜黄至深黄色。荚果扁平，带状。花果期全年。原产于东南亚及澳大利亚。我国华南地区常见栽培。

　　豆科植物中，黄槐决明、凤凰木、朱缨花等都有夜感应性。每到傍晚光线昏暗，气温下降的时候，这些植物的叶片就会合拢垂直；天亮之后，温度升高，又会舒展打开，呈水平线形。

046.双荚决明

Senna bicapsularis

别名： 双荚黄槐

科属： 豆科决明属

描述： 直立灌木。羽状复叶，小叶 3 ~ 5 对。总状花序生于枝条顶端的叶腋间；花鲜黄色；雄蕊 10 枚。荚果圆柱状。花期 10 ~ 11 月，果期 11 月至翌年 3 月。原产于美洲热带地区。我国华南地区常见栽培。

花美色艳，开花期长，宜作绿篱、道路分隔带以及在庭园中丛植或片植。常吸引蝴蝶访花。

047.铁冬青

Ilex rotunda

别名： 救必应、熊胆木

科属： 冬青科冬青属

描述： 乔木。叶薄革质，倒卵形。聚伞花序；花白色；单性花，雌雄异株；雄花4朵，雌花5～7朵。浆果球形，熟时红色。花期4～5月，果期8～12月。生于疏林中或溪旁。我国长江流域以南常见栽培。

铁冬青果实成熟后为深红色，果实累累，引人瞩目。是鸟类喜爱的食物，红耳鹎、乌鸫、白头鹎等常前来啄食，起到传播种子的作用。

048.锦绣杜鹃

Rhododendron × pulchrum

别名： 毛鹃

科属： 杜鹃花科杜鹃花属

描述： 灌木，幼枝密生伏毛。叶纸质。伞形花序；花冠玫瑰红、粉红色或白色，上瓣有浓红色斑。蒴果卵形。花期4~5月，果期9~10月。原产于日本，为天然杂交种。我国华南地区常见栽培。

锦绣杜鹃花色美丽明艳，有5枚花瓣，其中上部1枚布满浓红色斑，对昆虫发出蜜导信号，指引昆虫前来访花授粉。

049.番木瓜

Carica papaya

别名： 木瓜

科属： 番木瓜科番木瓜属

描述： 小乔木，具白色乳汁。叶大，聚生茎顶，5～9羽状深裂。单性或两性花；有些品种雄株偶生两性花或雌花并结果，有时雌株也会出现少数雄花。浆果肉质。花果期全年。原产于美洲热带地区。我国华南地区广泛栽培。

番木瓜果实成熟可作水果，味香甜；未成熟的果实可作蔬菜熟食或腌食，加工成蜜饯、果汁、果酱、果脯及罐头等。

050.虎尾草

Chloris virgata

别名： 刷子头

科属： 禾本科虎尾草属

描述： 草本，植株可高达75 cm。叶线形，两面无毛。秆顶穗状花序5～10枚；小穗成熟后紫色；第一小花两性（可育），第二小花不孕。颖果淡黄色，纺锤形。花果期6～10月。多生于荒野、河岸沙地及屋顶上。广布于我国各省份。

可作饲料。

051.狼尾草

Pennisetum alopecuroides

别名： 老鼠狼

科属： 禾本科狼尾草属

描述： 草本，秆直立丛生。叶线形。圆锥花序直立；小枝常呈紫色；小穗通常单生。颖果长圆形。花果期 6～10 月。多生于荒野、田岸、道旁及小山坡上。广布于我国各省份。我国南方有栽培。

可用于编制或造纸，作饲料，也可以作固堤防沙植物，还可作园林观赏植物。

052.紫叶狼尾草

Pennisetum setaceum 'Rubrum'

科属： 禾本科狼尾草属

描述： 草本，秆直立丛生。叶线形。圆锥花序直立；花密集，常弯向一侧呈狼尾状，刚毛粗糙，淡绿色或紫色。颖果长圆形。花果期5～8月。广布于我国各省份，广东有栽培。

紫叶狼尾草是狼尾草的一个品种，具有观赏价值高、管理粗放的特点，可以孤植、群植或片植于草地、边坡、林缘、岸边等。

053.象草

Pennisetum purpureum

科属： 禾本科狼尾草属

描述： 大型草本，具地下茎，植株可高达4 m。叶片线形，扁平，质较硬。圆锥花序；刚毛金黄色、淡褐色或紫色；小穗通常单生或2～3簇生。花果期8～10月。原产于非洲。我国南方地区多省份已经引种栽培成功。

象草为优良饲料，在我国引种栽培也较普遍，因此变异性较大。

054.狗尾草

Setaria viridis

别名： 莠、谷莠子

科属： 禾本科狗尾草属

描述： 草本。叶线状披针形，扁平。圆锥花序呈圆柱状，直立或稍弯垂；小穗2～5簇，生于主轴上。颖果灰白色。花果期5～10月。多生于荒野、田岸、道旁及小山坡上，为旱地作物之间常见的一种杂草。广布于我国各省份。

成语"不稂不莠"中的稂、莠是指长在田里的狼尾草和狗尾草，本指田里没有杂草，后比喻人不成材，没有出息。

055.类芦

Neyraudia reynaudiana

别名： 假芦

科属： 禾本科类芦属

描述： 草本，秆直立。叶扁平，顶端渐尖。圆锥花序开展或下垂；小穗长 5 ~ 8 mm，含 5 ~ 8 朵花。花果期 8 ~ 12 月。多生于河边、山坡及砾石草地。广布于我国长江以南各省区份。

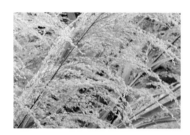

056.芦苇

Phragmites australis

别名： 葭、蒹

科属： 禾本科芦苇属

描述： 草本，秆直立，可高达 1~3 m。叶片披针状线形。圆锥花序大型。生于江河湖泽、池塘、沟渠沿岸和低湿地。分布于我国各地。

芦苇别名为蒹（jiān）葭（jiā）。古代的《诗经 · 秦风》中描写了"蒹葭苍苍，白露为霜"的优美秋景。芦苇是常见的水生植物，也是著名的造纸原材料。

057.花叶芦竹

Arundo donax 'Versicolor'

别名： 斑叶芦竹

科属： 禾本科芦竹属

描述： 草本，具发达根状茎，秆粗大直立，高3～6 m。叶片伸长，具白色纵长条纹，甚为美观。圆锥花序大型。花果期9～12月。我国广东引种。种植于湿地、溪河旁边作观叶植物。

058.粉黛乱子草

Muhlenbergia capillaris

科属： 禾本科乱子草属

描述： 多年生草本，植株高
30～90 cm。叶片条形。圆锥
花序狭窄或开展；花序轴、分
枝和小穗粉红色；小穗狭披针
形，含1花。颖果长圆形，棕
褐色。原产于美国和墨西哥。
我国南方引种栽培。

可作地被植物。开花时，
粉紫色花穗如发丝从基部长
出，远看如红色云雾，具有非
常好的景观效果。

059.龙爪茅

Dactyloctenium aegyptium

科属： 禾本科龙爪茅属

描述： 草本，植株高 15～60 cm。叶鞘松散，叶扁平。穗状花序 2～7 个指状排列于秆顶；小穗长 3～4 mm，具 3 小花。囊果球形，长约 1 mm。花果期 5～10 月。多生于山坡或草地。分布于我国华东、华南地区。

060.红毛草

Melinis repens

别名: 红茅草

科属: 禾本科糖蜜草属

描述: 草本,秆直立,常分枝,高可达1 m。叶鞘松弛,叶片线形。圆锥花序开展,长10～15 cm;小穗长约5 ㎜,常被粉红色绢毛。颖果长圆形。花果期6～11月。原产于南非。我国广东省引种,已归化。

红毛草的花序呈红色,在阳光下非常漂亮。现在已被大量引入种植作园林观赏植物。

061.两耳草

Paspalum conjugatum

科属： 禾本科雀稗属

描述： 草本，具发达匍匐茎，秆直立，高 30 ~ 60 cm。叶片披针状线形。总状花序 2 枚，纤细，长 6 ~ 12 cm，开展；小穗卵形，覆瓦状排列成两行。花果期 5 ~ 9 月。生于田野、林缘、潮湿草地上。分布于我国华南地区。

062.旅人蕉

Ravenala madagascariensis

别名: 扇芭蕉、旅人木

科属: 鹤望兰科旅人蕉属

描述: 大型草本,高可达10 m,茎直立,常丛生。叶大型,在茎端成二列互生,呈折扇状;叶片长椭圆形,长3~4 m。蝎尾状聚伞花序。蒴果开裂为3瓣。种子肾形。花期夏季。原产于非洲马达加斯加。我国华南地区常见栽培。

传闻在马达加斯加旅行的人口渴时,可用小刀戳穿叶其柄基部得水而饮,故有"旅人蕉"之名。

063.重瓣狗牙花

Tabernaemontana divaricata 'Flore Pleno'

别名： 白狗花、豆腐花

科属： 夹竹桃科山辣椒属

描述： 常绿灌木或小乔木，高达3m。叶对生，椭圆形。二歧聚伞花序腋生，着花1～8朵；花冠白色，重瓣，芬芳。蓇葖果。花期4～9月，果期7～11月。我国南部各省份都有栽培。

叶可药用，有降低血压效能，民间称可清凉解热、利水消肿，治眼病、疮疥、乳疮、癫狗咬伤等症；根可治头痛和骨折等。

064.黄蝉

Allamanda schottii

别名： 黄兰蝉

科属： 夹竹桃科黄蝉属

描述： 灌木，高达 2 m。叶 3～5
枚轮生，叶片长椭圆形。聚伞花序
顶生；花冠柠檬黄色，漏斗状。蒴
果球形，密生长刺。花期5～10月，
果期 10～12 月。原产于巴西。我
国华南地区常见栽培。

　　黄蝉花色金黄、明艳，常种植
于公园、公共绿地等。植株乳汁有毒，
人畜中毒会刺激心脏，循环系统及呼
吸系统会出现障碍；妊娠动物误食会
流产。

065.鸡蛋花

Plumeria rubra 'Acutifolia'

别名： 缅栀、鹿角树

科属： 夹竹桃科鸡蛋花属

描述： 小乔木，全株有乳汁。叶互生，厚纸质，矩圆状椭圆形。聚伞花序顶生；花冠白色黄心，向左覆盖，芬芳。蓇葖果双生，叉开，长圆体形。花期3～9月，果期6～12月，栽培极少结果。原产于墨西哥。我国南方各省份均有栽培。

鸡蛋花是红鸡蛋花 *Plumeria rubra* 的栽培种，是西双版纳佛教中的"五树六花"之一，常种植于寺庙庭院前。

066.夹竹桃

Nerium oleander

别名： 柳叶桃

科属： 夹竹桃科夹竹桃属

描述： 灌木或小乔木。叶轮生，窄披针形。聚伞花序顶生；花冠深红色、粉红色或白色。蓇葖果2个，长圆形，两端较狭。种子顶端具有黄褐色绢质种毛。花期几乎全年。原产于伊朗、印度。我国各省均有栽培。

可作园林观赏植物和行道植物。夹竹桃对粉尘和烟尘有较强的吸附力，被誉为"绿色吸尘器"。全株有毒，含有一种叫夹竹桃甙的有毒物质，误食能致命。

067.糖胶树

Alstonia scholaris

别名: 面条树、盆架子

科属: 夹竹桃科鸡骨常山属

描述: 乔木,具乳汁。叶轮生,倒卵状圆形。聚伞花序;花白色;花冠高脚碟状,花冠裂片向左覆盖。蓇葖果细长,线形。种子两边有毛。花期6~11月,果期10月至翌年5月。分布于我国广西、云南。我国南方常见栽培。

其乳汁是制作口香糖的原料,故名"糖胶树"。糖胶树花盛开时,散发出一阵阵味道,夜间味道尤其浓郁,长时间嗅闻会令人不适。

068.马利筋

Asclepias curassavica

别名： 莲生桂子花

科属： 夹竹桃科马利筋属

描述： 草本，有白色乳汁。叶对生，披针形。聚伞花序顶生；花冠橙色；副花冠生于合蕊冠上，黄色。蓇葖果披针形。种子顶端具白色绢质种毛。花果期全年。原产于西印度群岛。我国南方各省均有栽培。

全株有毒，含牛角瓜强心甙、马利筋甙、异牛角瓜甙等多种有毒物质，可作农药，驱杀害虫。是金斑蝶、幻紫斑蝶的寄主植物。

069.黄冠马利筋

Asclepias curassavica

'Flaviflora'

别名： 黄花马利筋

科属： 夹竹桃科马利筋属

描述： 亚灌木，高60～100 cm，无毛，全株有白色乳汁。叶对生，披针形。聚伞花序顶生及腋生；花冠黄色。蓇葖果刺刀形，端部渐尖。花果期几乎全年。原产于美洲的西印度群岛。现广植于热带及亚热带地区。

　　黄冠马利筋花色美丽，全株有毒。它是金斑蝶的寄主植物，金斑蝶的幼虫吃了这种有毒植物后便具有毒性，以防止天敌。

▲ 金斑蝶幼虫

070.花叶艳山姜

Alpinia zerumbet 'Variegata'

别名： 花叶良姜、彩叶姜

科属： 姜科山姜属

描述： 草本，植株高12 m。叶有金黄色纵斑纹。圆锥花序，花序下垂；花冠乳白色，顶端粉红色。蒴果卵圆形，淡黄色。花期4～6月，果期7～10月。原产地为东南亚的热带地区。我国华南地区广泛种植。

叶形美观，颜色艳丽，是优良的园林观叶植物，常群植于路边或草地上以供观赏。

071.红花檵木

Loropetalum chinense var.

rubrum

别名： 红桎木

科属： 金缕梅科檵木属

描述： 灌木或小乔木，嫩枝红褐色，密被星状毛。叶卵圆形，暗红色。花瓣4枚，红色，条形。蒴果倒卵圆形。花期4～5月，果期9～10月。分布于我国长江中、下游以南地区。现多人工栽培。

红花檵木为檵木 *Loropetalum chinense* 的变种。萌芽力和发枝力强，耐修剪，常作观赏植物种植于公园、庭院、道路绿化带，也可造型或作观赏花篱。

072.木芙蓉

Hibiscus mutabilis

别名: 芙蓉花、拒霜

科属: 锦葵科木槿属

描述: 落叶灌木或小乔木。叶卵圆状心形, 常 5～7 裂。花冠初开时白色, 逐渐变成粉红色至红色。蒴果扁球形。种子肾形。花期 8～11 月, 果期 12 月。原产于我国。广布于我国南方各省, 常作园林栽培植物。

　　"晓妆如玉暮如霞, 浓淡分秋染此花"。清晨初开时, 花朵洁白, 午后慢慢转为粉红色, 到傍晚花朵快闭合时, 颜色呈深红色, 故有"三醉芙蓉"之美称。

▲ 重瓣

▲ 单瓣

073.磨盘草

Abutilon indicum

别名： 磨子树

科属： 锦葵科苘麻属

描述： 亚灌木状草本。叶卵圆形。花黄色。果为倒圆形似磨盘，直径约1.5 cm。花期7～10月。常生于旷野、山坡、平原、海边或公路边。分布于我国华南、西南地区。

全草供药用，有散风、清血热、开窍、活血功效，为治疗耳鸣耳聋的良药。我国广东肇庆本地人有用磨盘草煲汤饮用的习惯。

074.朱槿

Hibiscus rosa-sinensis

别名： 扶桑、大红花

科属： 锦葵科木槿属

描述： 灌木。叶纸质，宽卵形，边缘具锯齿。花冠漏斗形，鲜红色；雄蕊柱长于花瓣。蒴果卵球形。花期全年。生于山地疏林中。分布于我国华南、华东、西南地区。

朱槿的园艺品种非常多，瓣形变化大，既有单瓣，也有重瓣。花色多，常见深红色、黄色、白色等。它是马来西亚、苏丹的国花，也是我国广西南宁市的市花。常作绿篱。

075.花叶朱槿

Hibiscus rosa-sinensis

'Variegata'

别名： 花叶扶桑

科属： 锦葵科木槿属

描述： 灌木。叶互生，阔卵形至狭卵形，先端渐尖或急尖；叶缘有明显的缺刻；叶片红、绿、紫等颜色镶嵌。花大，单生于叶腋间；花漏斗形，常为玫瑰红色；雄蕊及柱头伸出于花冠之外。花期全年。

常作绿篱。

076.美丽异木棉

Ceiba speciosa

别名: 美人树、丝木棉

科属: 锦葵科吉贝属

描述: 落叶大乔木,树干下部膨大,密生圆锥状皮刺。掌状复叶,小叶5～9片。花淡紫红色。蒴果椭圆形。种子黑色,藏于白色绵毛中。花期9～12月,果期翌年3～5月。原产于南美洲。我国南方常见栽培。

美丽异木棉于每年秋末冬初盛开,花色艳丽,繁花满树,绯红如漫天晚霞,为城市增添一道亮丽的风景线。

077.假苹婆

Sterculia lanceolata

别名： 七姐果、赛苹婆

科属： 锦葵科苹婆属

描述： 乔木。叶片狭椭圆形，全缘。不完全花，无花冠；萼片5，淡红色。蓇葖果2～5，鲜红色。种子黑褐色。花期4～5月，果期6～9月。生于山谷溪边。分布于我国华南、西南地区。

蓇葖果成熟时裂开，鲜红的果皮上挂满晶亮黝黑的种子，鸟类如鹊鸲、红耳鹎等会前来啄食种子。现有园林栽培。

078.地桃花

Urena lobata

别名：肖梵天花、黐头婆

科属：锦葵科梵天花属

描述：灌木。叶片纸质，形状变异较大。花粉红色。蒴果扁球形。花果期7月至翌年2月。生于旷野、草丛或路边。分布于我国华南、西南、华东地区。

地桃花的球形果上布满了锚状钩刺，当动物经过时，果实会粘在人的衣服或牲口的身体上，使它们被携带到更远的地方去播种，扩大繁殖范围。

079.白花鬼针草

Bidens pilosa var. *radiata*

别名： 一包针、粘人草

科属： 菊科鬼针草属

描述： 草本。小叶常 3 片；茎上部叶为单叶，不分裂。舌状花白色；中央管状花黄色。瘦果条形，顶端有 2 条芒刺。花果期 6～11 月。原产于美洲热带地区。现广泛分布于我国华南地区。

　　白花鬼针草是我国华南地区著名的外来入侵植物之一。其果实顶端具有 2 条芒刺，会在不知不觉中粘在动物身上，随动物移动而起到被动式传播种子的作用。

080.南美蟛蜞菊

Sphagneticola trilobata

别名: 三裂叶蟛蜞菊

科属: 菊科蟛蜞菊属

描述: 蔓生草本,茎长 20～80 cm。叶 3 浅裂。花黄色。瘦果长圆形。原产于美洲热带地区。我国华南地区广泛栽培。

不挑土壤,生长极为迅速,并抑制其他植物生长,在我国华南地区已经出现大面积野外逸生,严重影响其他本土植物的正常生长。可作覆盖荒坡、裸地等地被植物。

081.微甘菊

Mikania micrantha

别名：薇甘菊

科属：菊科假泽兰属

描述：攀援草本。单叶对生，叶片长三角状心形。头状花序；花白色。瘦果长椭圆形，具冠毛。花果期全年。原产于美洲热带地区。后作为观赏植物引入我国。

微甘菊繁殖能力极强，常攀援于其他植物的树干或树冠上，致使其他植物缺光而枯死，造成经济和生态损失，已成为我国华南地区危害较严重的外来入侵植物。

082.藿香蓟

Ageratum conyzoides

别名： 胜红蓟

科属： 菊科藿香蓟属

描述： 草本。叶对生，卵形，边缘圆锯齿。头状花序，花淡紫色或浅蓝色。瘦果黑褐色。花果期全年。生于荒坡、路旁、林缘。原产于中南美洲。分布于我国长江流域以南地区。

　　藿香蓟与同科的假臭草 *Praxelis clematidea* 容易被混淆。藿香蓟的叶形较圆润，边缘锯齿不明显；假臭草的叶形较尖，边缘锯齿明显。

083.扁桃斑鸠菊

Vernonia amygdalina

别名: 南非叶、将军叶

科属: 菊科铁鸠菊属

描述: 灌木或小乔木,植株可高达6m。叶互生,长卵形,叶面灰绿色。花白色。原产于非洲热带地区的加纳、喀麦隆、尼日利亚等地。我国南方地区偶见栽培。

扁桃斑鸠菊味苦涩、性凉。叶片可以入药,有清热下火功效。

084.翼茎阔苞菊

Pluchea sagittalis

科属： 菊科阔苞菊属

描述： 草本，植株高 1 ～ 1.5 m，全株具浓厚的芳香。叶基部向茎延伸形成明显的翼；叶互生，披针形。花白色。花果期 3 ～ 10 月。生于海边湿润砂土或草地上。原产于南美洲。在我国南方有归化趋势。

　　翼茎阔苞菊在原产地南美洲哥伦比亚、秘鲁、阿根廷等地是传统的药用植物，用来治疗消化系统疾病。

085.野茼蒿

Crassocephalum crepidioides

别名：革命菜

科属：菊科野茼蒿属

描述：草本。叶膜质，椭圆形，边缘锯齿。头状花序，花冠红褐色。瘦果，具白色冠毛。花果期全年。常见于山坡路旁和草地。原产于非洲。在我国华中、华南、西南等地均有归化趋势。

全草入药，有健脾、消肿功效。其嫩叶是一种味美的野菜。

086.羽芒菊

Tridax procumbens

科属：菊科羽芒菊属

描述：多年生铺地草本，茎纤细，平卧，有不定根。叶披针形。头状花序；雌花1层，舌状，舌片长圆形，先端2～3浅裂；两性花多数；花冠管状。瘦果。花期11至翌年3月。生于旷野、荒地、山坡及路旁。分布于我国东南部沿海各省份。

087.鳢肠

Eclipta prostrate

别名： 墨菜、墨旱莲

科属： 菊科鳢肠属

描述： 草本。茎基部分枝，被贴生糙毛。叶披针形，锯齿。头状花序；外围雌花 2 层，舌状；中央两性花多数；花冠管状，白色。瘦果。花期 6～9 月。生于河边、田边或路旁。分布于我国各省。

全草入药，有凉血、止血、消肿、强壮功效。

088.钻叶紫菀

Symphyotrichum subulatum

科属： 菊科联毛紫菀属

描述： 草本，植株高 55 ～ 85 cm。叶互生，披针形。圆锥花序；舌状花细、小；白色或粉红色；管状花多数。瘦果略有毛。花果期 9 ～ 11 月。种子产量大，经风传播繁殖。原产于北美洲。广泛分布于我国各省。

在我国南方各省，钻叶紫菀往往形成单优势群落，入侵耕地、农田和菜地，造成危害。它是对生态环境造成一定影响的外来入侵植物之一。

089.黄鹌菜

Youngia japonica

别名： 黄鸡婆

科属： 菊科黄鹌菜属

描述： 草本。基生叶倒披针形，大头羽状深裂或全裂。头状花序，含10～20枚舌状小花，舌状小花黄色；花冠管外面有短柔毛。瘦果纺锤形，带白色冠毛。花果期4～10月。生于草地、山坡、林下、田间或荒地上。广泛分布于我国各省。

在草地、路边，黄鹌菜随处可见，黄色花朵柔美摇曳，为春日增添了几分风情。

090.泥胡菜

Hemisteptia lyrata

别名： 猪兜菜

科属： 菊科泥胡菜属

描述： 草本，茎单生。基生叶倒披针形，大头羽状深裂或几全裂。头状花序在茎枝顶端排成疏松伞房花序；小花紫色或红色。瘦果，带白色冠毛。花果期3～8月。生于平原、草地、山坡、林下、田间或荒地上。广泛分布于我国各省（除新疆、西藏外）。

091.一点红

Emilia sonchifolia

别名： 红背叶、紫背叶

科属： 菊科一点红属

描述： 草本，植株高 25 ~ 40 cm。叶面深绿色，背面紫红色，大头羽状分裂。小花紫红色。瘦果，带白色冠毛。花果期全年。生于平原、草地、田间或荒地上。分布于我国华南、西南、华东地区。

全草药用，消炎、止痢，主治腮腺炎、乳腺炎、小儿疳积、皮肤湿疹等症。

092.秋英

Cosmos bipinnatus

别名: 波斯菊、格桑花

科属: 菊科秋英属

描述: 草本,植株高 1～2 m。叶片二回
羽状全裂。头状花序;外围舌状花少数,
紫红色、粉红色或白色;中央管状花,
花冠黄色。瘦果圆柱形。花期 6～8 月。
果期 9～10 月。原产于墨西哥。我国各
地常见栽培。

秋英为著名的观赏花卉。高原藏区
的人常在屋前大量种植秋英,并称它们
为"格桑花"(藏语为美丽的意思)。

093.蓝花草

Ruellia simplex

别名： 翠芦莉

科属： 爵床科芦莉草属

描述： 灌木，植株高1 m。单叶互生，线状披针形。二歧聚伞花序，腋生；花冠漏斗状，紫蓝色。蒴果长圆形。花果期全年。原产于墨西哥。我国华南地区有栽培。

花色艳丽，枝条耐修剪，适应性强，被广泛应用于花境、庭园造景、盆栽、地被或花坛镶边供观赏。

094.赤苞花

Megaskepasma erythrochlamys

科属： 爵床科赤苞花属

描述： 灌木，高可达4 m。叶对生，宽椭圆形，叶脉明显。花序顶生，长达30 cm，由众多苞片组成，苞片由深粉色到红紫色；花冠白色，呈二唇状。原产于中美洲哥斯达黎加等地。我国广东省偶见栽培。

　　赤苞花植株形态雅致，花序迷人，赤红色苞片在花凋零后宿存，可维持长达2个月而不脱落，具有很高的观赏价值。可以用扦插方式进行无性繁殖。

095.莲

Nelumbo nucifera

别名： 荷花、芙蕖

科属： 莲科莲属

描述： 水生草本。叶圆形，高出水面；叶柄常有刺。花瓣多数，红色、粉红色或白色；雄蕊多数。坚果椭圆形。种子椭圆形。花期6～9月，果期9～10月。我国南方和北方各省皆有栽培。

莲是文学作品中出现最频繁的植物之一，常借物喻意。北宋学者周敦颐作《爱莲说》，盛赞莲"出污泥而不染，濯清涟而不妖"。后世的人都视莲为高洁品格的象征。

096.非洲楝

Khaya senegalensis

别名： 非洲桃花心木

科属： 楝科非洲楝属

描述： 乔木，高达30 m。偶数羽状复叶，小叶3~6对。圆锥花序；花小，两性，黄白色。蒴果球形。花期3~5月，果翌年6月成熟。原产于非洲热带地区。我国南方普遍栽培。

生长速度快，枝叶茂盛，遮阴效果好，可作庭园树和行道树。木材可作胶合板的材料。

097.米仔兰

Aglaia odorata

别名： 米兰、碎米兰

科属： 楝科米仔兰属

描述： 灌木或小乔木。奇数羽状复叶；小叶3~5片。花小而多，黄色，极香。浆果卵形，成熟时红色。花期6~10月，果期7月至翌年3月。原产于东南亚。我国长江流域及其以南各地均有栽培。

花朵黄色圆球形，小如粟米，密似繁星，香胜蕙兰，像一串串的小米穗挂在植株，因而得名"米仔兰"。适合在公园、小区、庭院等种植观赏，或在路边作绿篱。

098.苦楝

Melia azedarach

别名： 楝树

科属： 楝科楝属

描述： 落叶乔木。2～3回奇数羽状复叶。圆锥花序；花淡紫色，芬芳。核果球形，成熟时淡黄色，经冬不落。花期4～5月，果期10～12月。生于村旁、路旁或疏林中。分布于我国黄河以南各省。

苦楝不挑土壤，生长速度快，但寿命较短。根皮可除蛔虫和钩虫，但有毒，用时要谨遵医嘱。果核仁油可供制作油漆、润滑油和肥皂。

099.火炭母

Polygonum chinense

别名： 赤地利、白饭草

科属： 蓼科蒿蓄属

描述： 草本。叶互生，卵形，常有紫蓝色的"V"形色斑。聚伞花序；花白色或淡红色。瘦果卵形，包于宿萼内。花果期全年。生于溪旁、村边、旷野等。分布于我国长江以南各省份。

　　火炭母叶片中的"V"字，是一种"欺敌"方式。因为火炭母是许多昆虫如叶蜂、小灰蝶等的食物，所以它牺牲一部分绿色，黑白相杂，宛如病态，以避开昆虫啃食。

100.酸模叶蓼

Polygonum lapathifolium

别名： 大马蓼

科属： 蓼科萹蓄属

描述： 草本，植株可高达 90 cm。叶披针形，其上常具黑褐色新月形斑点。数个穗状花序组成圆锥状；花白色或淡红色。瘦果宽卵形，包于宿存花被内。花期 6～8 月，果期 7～9 月。生于溪河旁、草地、湿地等。广泛分布于我国各省。

101.长刺酸模

Rumex trisetifer

科属： 蓼科酸模属

描述： 草本，根粗壮，红褐色。叶披针长圆形或狭披针形。总状花序；花黄绿色。瘦果椭圆形，具3锐棱，两端尖。花期5～6月，果期6～7月。生于田边湿地、水边、山坡草地等。广泛分布于我国长江以南各省。

102.灰莉

Fagraea ceilanica

别名: 华灰莉、非洲茉莉

科属: 龙胆科灰莉属

描述: 灌木或小乔木。叶片肉质，椭圆形。花冠白色，漏斗状5。浆果卵状。花期4~8月，果期7月至翌年3月。我国华南地区常见栽培。

萌发力强、耐修剪，枝叶浓绿光洁，可作绿篱；也可作盆栽，置于宾馆或礼堂等场所，美化环境。

103.马齿苋

Portulaca oleracea

▲ 显微镜下的种子

别名： 瓜子菜、五行草

科属： 马齿苋科马齿苋属

描述： 草本，茎平卧，伏地铺散，多分枝。叶互生，叶片扁平，肥厚，倒卵形。花黄色。蒴果卵球形。花期5～8月，果期6～9月。生于菜园、农田、路旁。我国南方和北方均有分布。

明代著名的《救荒本草》中，马齿苋的名字为"五行草"，表示其叶子为青色，梗为红色，花为黄色，根为白色，种子为黑色，集了5种颜色。嫩茎叶可作蔬菜，有清热利湿、解毒消肿、消炎、止渴、利尿作用。

104.花叶假连翘

Duranta erecta 'Variegata'

科属： 马鞭草科假连翘属

描述： 灌木。片叶倒卵形，有黄色或白色斑纹。总状圆锥花序；花冠蓝紫色。核果球形，橙黄色，包藏于扩大的花萼内。花果期全年。

花叶假连翘花色素雅且花期极长，果实黄色，着生于下垂的长枝上，十分令人喜爱，是花果兼赏的优良灌木。

105.金边假连翘

Duranta erecta

'Marginata'

科属：马鞭草科假连翘属

描述：灌木。叶对生，倒卵形。总状花序腋生；花冠蓝紫色。核果卵形，橙黄色，包藏于扩大的花萼内。花果期全年。原产于中南美洲热带地区，我国华南地区城市的庭园有栽培。

喜光，耐半荫，耐修剪，生长快，多用作绿篱材料。

106.金叶假连翘

Duranta erecta 'Golden Leaves'

科属： 马鞭草科假连翘属

描述： 灌木，枝被皮刺。叶卵状椭圆形，叶片黄色，以新叶为甚。总状圆锥花序；花冠蓝紫色。核果球形，橙黄色，有光泽，包藏于扩大的花萼内，经冬不落。花果期 5～10 月。

    金叶假连翘叶色鲜黄，可用作模纹图案材料。在我国华南和西南地区可作绿篱或作基础种植材料，也可丛植于庭院、草坪供观赏。

107.马缨丹

Lantana camara

别名： 五色梅、臭草

科属： 马鞭草科马缨丹属

描述： 灌木，茎四方形，有糙毛，有臭味。叶对生，卵形，边缘有锯齿，两面都有糙毛。花冠黄色、橙黄色、粉红色及深红色。核果圆球形。花果期全年。原产于美洲热带地区。我国华南地区有归化趋势或逸为野生。

马缨丹花朵开放时，外轮先开放，再慢慢向中间核心部分发展；花朵颜色也会逐渐变化，通过花色变化，昆虫可以知道哪些花朵已经授粉，哪些尚未授粉。

108.蔓马缨丹

Lantana montevidensis

别名：紫花马缨丹、小叶马缨丹

科属：马鞭草科马缨丹属

描述：蔓性小灌木，茎蔓延，常铺地。叶片纸质、卵形，边缘有圆齿。穗状花序腋生；花冠紫色、紫红色，花冠管纤细。核果球形。花果期全年。原产于南美洲。我国华南地区常见栽培。

花期长，观赏性很强，常被种植于路边、坡地用于绿化，也可以种植于花坛、花境。外型上，蔓马缨丹与同科属植物马缨丹 *Lantana camara* 相似。

109.细叶美女樱

Glandularia tenera

科属: 马鞭草科美女樱属

描述: 草本,植株高 20 ~ 30 cm。叶对生,二回羽状深裂。穗状花序顶生;花色多样,有紫红色、白色等。花期 4 ~ 10 月。蒴果。原产于巴西、秘鲁等美洲热带地区。我国华东及华南地区引种栽植。

　　细叶美女樱花色多样,花期长,外形美丽,具有很好的景观效果,常用于布置花坛、花境或点缀草坪等。

110.烟火树

Clerodendrum quadriloculare

别名： 烟火木

科属： 马鞭草科大青属

描述： 灌木。叶对生，长椭圆形，表面深绿色，背面暗紫红色。聚伞状圆锥花序，顶生；小花多数，紫红色；花冠细高脚杯状。核果椭圆形。花期冬季至翌年春季。原产于菲律宾及太平洋群岛。我国华南地区常见栽培。

烟火树如其名，花开时宛如星星闪烁，亦似团团绽放的烟火，花姿极其优美；无花时是一种优良的观叶植物。

111.蕉芋

Canna indica 'Edulis'

别名： 番芋

科属： 美人蕉科美人蕉属

描述： 草本，植株可高达3m，有块状根。叶长圆形，上面绿色，边缘或下面紫色。总状花序；花冠杏黄而带紫。蒴果带软刺。花期9～10月。原产于西印度群岛和南美洲。我国华南及西南地区有栽培。

块茎可煮食或提取淀粉，适于老弱和小儿食用，以及制粉条、酿酒、工业用；茎叶纤维可用于造纸、制绳。

112.粉美人蕉

Canna glauca

别名： 水生美人蕉

科属： 美人蕉科美人蕉属

描述： 草本，植株可高达 2 m。叶披针形，长 30～50 cm。总状花序；花粉红色。蒴果绿色，长卵形，有软刺。花果期 3～12月。原产于南美洲及西印度群岛。我国华南地区常见栽培。

粉美人蕉花色美丽、花期长，常被种植于公园水体中或湿地边缘作水生观赏植物。

113.荷花玉兰

Magnolia grandiflora

别名: 广玉兰

科属: 木兰科北美玉兰属

描述: 乔木。叶厚革质,椭圆形。花白色,大,有芬芳;花被片厚肉质。聚合果圆柱状。外种皮红色。花期 5~6 月,果期 9~10 月。原产于北美洲东南部。我国长江流域各城市均有栽培。

株型秀美,花朵硕大洁白,如荷花舒展,且带芬芳,深受市民喜欢。在武汉、长沙等许多城市常作为行道树栽种。

114.木犀

Osmanthus fragrans

别名： 桂花

科属： 木犀科木犀属

描述： 灌木或小乔木。叶革质，椭圆形。花序簇生于叶腋；花冠乳白色、淡黄色、金黄色或橙红色，芳香。核果椭圆形，熟时紫黑色。花期9～11月，果期翌年1～4月。我国南方和北方广泛栽培。

常见的桂花品种有丹桂、金桂、银桂、四季桂。桂花在我国栽种历史悠久，著名的诗句有"人闲桂花落，夜静春山空"等。此外，它还是名贵的食用香料和蜜源植物。

115.大花紫薇

Lagerstroemia speciosa

别名： 大叶紫薇

科属： 千屈菜科紫薇属

描述： 落叶大乔木。叶椭圆形。圆锥花序；花紫红色，雄蕊多数。蒴果球形。花期5～8月，果期7～11月。原产于东南亚及澳大利亚。我国华南地区常见栽培。

大花紫薇生长健壮，树形美丽，具有明显的季节性。夏天花期，开大紫红色花朵，花团锦簇；冬天叶片变红，红艳艳一片。观花、观叶皆宜。

116.紫薇

Lagerstroemia micrantha

别名： 百日红、怕痒树

科属： 千屈菜科紫薇属

描述： 落叶灌木或小乔木。叶椭圆形。圆锥花序顶生；花粉红色、紫红色或白色。蒴果近球形。种子有翅。花期 6～9 月，果期 9～12 月。我国长江以南各省。常见栽培。

    紫薇的花期长达 4 个月，从夏至秋，花开不断，故名"百日红"。其树干光滑，用手触摸，虽无风却可见树身轻摇，有如人怕痒，故别名"痒痒树"。

117.细叶萼距花

Cuphea hyssopifolia

别名： 满天星

科属： 千屈菜科萼距花属

描述： 小灌木。叶对生，线形。花色多样，有紫红色、淡紫色、白色等。蒴果椭圆形。花期全年。原产于南美洲的巴西、墨西哥及危地马拉。我国南方地区常见栽培。

花朵小而数量多，盛花时似满天繁星，故又名"繁星花"。枝叶密集，花色鲜艳，花期长，不挑土壤，宜作为花坛、花径及低矮绿篱植物。

118.鸡矢藤

Paederia foetida

别名： 鸡屎藤、牛皮冻

科属： 茜草科鸡矢藤属

描述： 藤本。叶形变异大。聚伞花序；花冠淡紫红色。核果球形。花期 6 ~ 10 月，果期 10 ~ 12 月。生于路边、林旁及灌木林中，常攀援于其他植物上。分布于我国西南、华东、华中地区。

叶片搓揉后，有一股鸡屎臭味，因此得名"鸡矢藤"。全株入药，有祛风利血、解毒、活血消肿等功效。清明节时，广东农村地区常将鸡矢藤叶子熬汁后倒入米浆中，佐以白糖，做糯米粑粑。

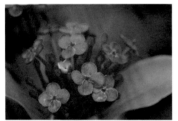

119.龙船花

Ixora chinensis

别名：仙丹花

科属：茜草科龙船花属

描述：灌木。叶对生，披针形。花色多样，有橙红色、黄色、粉色等；花冠高脚碟状。浆果近球形。花期4～10月，果期7～12月。原产于亚洲热带地区。我国华南地区有野生。南方各城市常见栽培。

花色美丽，花期长，在园林和绿地中单植、丛植或植于花坛，均有良好的景观效果。

120.栀子

Gardenia jasminoides

别名: 水黄枝、黄果子

科属: 茜草科栀子属

描述: 灌木。叶革质,长圆状披针形。花冠高脚碟状,花白色。浆果卵形,成熟时橙红色。花期3~8月,果期5~12月。生于旷野、山坡、灌丛或林中。广泛分布于我国各省。

　　成熟后的果实不仅可以药用,还可以提取天然色素做染料,其化学成分为栀子黄。《汉官仪》记有:"染园出栀、茜,供染御服",说明我国很早就使用栀子染最高级的宫廷服装了。

121.粉纸扇

Mussaenda 'Alicia'

别名： 粉玉叶金花

科属： 茜草科玉叶金花属

描述： 灌木。叶对生，长椭圆形。聚伞房花序顶生，花萼裂片 5，增大为粉红色花瓣状，呈重瓣状；花冠金黄色，高脚碟状。花期 6～10 月。我国华南、西南地区常见栽培。

　　粉纸扇是红纸扇与洋玉叶金花杂交育成的园艺品种，它似乎是一个"广告达人"，懂得扬长避短，本身的花朵非常小，但它将萼片变态为粉红色的叶状，明艳夺目，吸引昆虫访花授粉。

122.银叶郎德木

Rondeletia leucophylla

科属： 茜草科郎德木属

描述： 灌木。叶对生，叶片细长，披针形；叶面绿色，叶背银灰色。聚伞花序；花粉红色、桃红色，较小，小花聚集生；花冠高脚碟状。原产于古巴、巴拿马、墨西哥等地。我国广东常见栽培。

银叶郎德木是美丽的观赏植物，可作花境、花篱、镶边、花坛、花台及庭园植物，亦可作盆栽装饰植物；也是较好的蜜源植物。

123.杧果

Mangifera indica

别名: 芒果

科属: 漆树科杧果属

描述: 乔木。单叶,革质,长10～40 cm。圆锥花序;花小,杂性(雄花、两性花同株),芳香,黄色或带红色。核果椭圆形,微扁。花期3～4月,果期4～8月。原产于印度、马来西亚。我国华南地区有栽培。

杧果是著名的热带果树,品种很多,有"热带水果之王"的美称。树冠浓密。在我国华南地区作庭荫树和行道树。

124.桃

Prunus persica

科属： 蔷薇科李属

描述： 乔木。叶披针形，有锯齿。花单生，先叶开放。花粉红色。核果卵圆形，果汁有香味，果肉可吃，鲜甜。花期 3～4 月。果期因品种而异，常为 7～8 月。原产于我国。我国各省及世界各地均有栽培。

桃在我国的种植历史悠久，早在西周至春秋时期《诗经》中就出现"桃之夭夭，灼灼其华"的句子。在我国先秦到清代的历代文学作品中，桃是出现次数排名前十的植物之一。

125.枇杷

Eriobotrya japonica

别名： 卢桔

科属： 蔷薇科枇杷属

描述： 乔木。叶子长椭圆形，上面多皱，下面密被绒毛。花白色。核果卵圆形，成熟时橘黄色，果汁有香味，果肉可吃，鲜甜。花期10～12月。果期4～6月。原产于我国西南、华南、华中及华东地区。

枇杷在我国的种植历史悠久，也是文人画者作品中常出现的素材之一，宋朝诗人杨万里在其诗《枇杷》中写道：

大叶耸长耳，一梢堪满盘。

荔支分与核，金橘却无酸。

雨压低枝重，浆流水齿寒。

长卿今尚在，莫遣作园官。

126.苦蘵

Physalis angulata

别名: 灯笼草

科属: 茄科灯笼果属

描述: 草本。叶片卵形。花单生于叶腋;花萼钟状;花冠淡黄色,喉部常有紫斑。浆果球形,藏于宿萼内。花果期5～12月。生于山谷、村旁。分布于我国华南、东南、西南各省份。

　　苦蘵的浆果藏在宿存花萼里面,宿存花萼外形奇特,像一个悬挂的纸灯笼,所以别名"灯笼草"。全草入药,有清热、利尿、消肿等功效。

127.少花龙葵

Solanum americanum

别名： 白花菜

科属： 茄科茄属

描述： 草本。叶片薄，卵形。花序近伞形；花小，白色。浆果球形，成熟后黑色。花果期全年。生于荒地、溪边、乡村路边等地。分布于我国云南、湖南、江西、广东、广西。

叶可供蔬食，有清凉散热功效，并可治喉痛。广州增城、从化一带的村民有春天煮食少花龙葵叶的习惯。

128.水茄

Solanum torvum

别名： 刺番茄

科属： 茄科茄属

描述： 灌木，高约2 m，小枝具皮刺。叶卵形。花冠白色。浆果球形。花果期全年。生长于热带地区的路旁、荒地、灌木丛、沟谷及村庄附近等地。产于我国云南、广西、广东、台湾省。

果实可明目，叶可治疮毒，嫩果煮熟可食。

129.野天胡荽

Hydrocotyle vulgaris

别名： 铜钱草、少脉香菇草

科属： 伞形科天胡荽属

描述： 水生植物，植株具有蔓生性，株高5～15 cm，节上常生根。叶互生，具长柄，圆盾形，直径4 cm，缘波状，草绿色，叶脉15～20条放射状。花两性；伞形花序；小花白色。果为分果。花期5～8月。原产地为南美洲。我国引种栽培。

　　因为它的圆圆的叶片像古代的铜钱，故又称"铜钱草"。

130.积雪草

Centella asiatica

别名： 崩大碗、雷公根

科属： 伞形科积雪草属

描述： 草本，茎细长，匍匐，节上生根。单叶互生，叶片肾形。伞形花序；花紫红色。双悬果扁圆形。花果期 4～10 月。生于路旁、田边等处。分布于我国华南、华东、西南、华中地区。

积雪草是广东农村常用草药之一。村民常采集积雪草煮水煎服来治疗急性尿道感染，或者用积雪草煲汤当药膳。

131.榕树

Ficus microcarpa

别名： 小叶榕、细叶榕

科属： 桑科榕属

描述： 大乔木，具气生根。叶互生，革质，倒卵形。花序托无梗，球形；雄花、瘿花、雌花生于同一花序托内。花期 5～6 月，果期 7～8 月。我国南方地区广泛种植。

榕树的树龄可长达几百年，其树冠广展，枝叶茂盛，夏日遮阳，树冠下成为人们乘凉、聊天场所的选择。在一些文学作品里，榕树被寓意为沧桑岁月的见证者。可作行道树及庭荫树。

▲ 茂盛的生气根

▲ 病叶

▲ 健康叶

132.垂叶榕

Ficus benjamina

别名： 垂榕、吊丝榕

科属： 桑科榕属

描述： 乔木。叶互生，薄革质，有光泽，椭圆形。花序托无梗，球形；雄花、瘿花和雌花生于同一花序托内。花期8～11月。我国华南和西南地区的昆虫，常见栽培或野生。

垂叶榕的虫害病发率高，常遭到一种叫"榕管蓟马"（缨翅目蓟马科）的危害，其若虫和成虫锉吸垂叶榕嫩叶和幼芽的汁液，使之形成虫瘿并生长成畸形，既损害了植株的健康，也降低了美观性。

133.黄葛榕

Ficus virens

别名： 大叶榕、绿黄葛树

科属： 桑科榕属

描述： 落叶乔木，高可达 26 m。叶卵状长椭圆形，坚纸质。隐花果，球形，无梗。花果期 4~8 月。分布于我国华南、西南、华东、华中地区。我国华南地区常见栽培。

每年春节前后半个月，黄葛榕的叶子变黄，急速掉落，一夜之间，满地枯黄，落叶婆娑，如回到秋天。几天后，枝头悄然长出黄绿嫩叶，春意益然。短短半个月，似乎见证了季节的更迭，非常具有戏剧性。

134.菩提树

Ficus religiosa

别名： 印度菩提树、觉树

科属： 桑科榕属

描述： 大乔木，高10～20 m。叶近革质，三角状卵形，先端骤尖，下垂。花序托扁球形，无梗；雄花、瘿花和雌花同生于一花序托中。花期3～4月，果期5～6月。原产于印度。我国华南地区常见栽培。

"菩提"一词，原为古印度（梵语）Bodhi的音译，意为觉悟、智慧。据说，两千五百多年前，佛祖释迦牟尼在菩提树下顿悟得道，就地成佛。菩提树现多植于寺庙或公园。

135.印度榕

Ficus elastica

别名: 橡胶榕

科属: 桑科榕属

描述: 大乔木, 老树有支柱根。叶厚革质, 有光泽, 长椭圆形。花序托无梗, 成熟时黄色; 雄花、瘿花和雌花生于同一花序托中。花期冬季。原产于不丹、锡金、尼泊尔、印度、印度尼西亚。我国南方和北方常见栽培, 云南有野生。

乳汁可制硬橡胶。常见栽培变种有美丽胶榕、三色胶榕、黑紫胶榕、斑叶胶榕、大叶胶榕。

▲ 板根

136.桑

Morus alba

别名： 桑椹

科属： 桑科桑属

描述： 灌木或小乔木。叶卵形，先端尖。花雌雄异株，淡绿色。聚花果卵状椭圆形，长 1 ~ 2.5 cm，红色至暗紫色。花果期 4 ~ 7 月。原产于我国，现我国大部分省区都有栽培。

叶为养蚕的主要饲料，亦可作药用。果实可以鲜食，味甜多汁，也可酿酒。自古以来，大量文学作品中出现桑这一植物，比如著名的《汉乐府·陌上桑》中"罗敷"出场的一句"罗敷喜蚕桑，采桑城南隅。"

137.韭莲

Zephyranthes carinata

别名： 红花葱兰、风雨花

科属： 石蒜科葱莲属

描述： 草本，鳞茎卵球形。基生叶常数枚簇生，线形，扁平。花玫瑰红色或粉红色。蒴果近球形。种子黑色。花期夏秋。原产于南美洲。我国南方各地常见栽培或归化。

植株优美，花朵美丽，为良好的观赏植物。据说它能感受到气压的变化，在大风雨来临之前，会释放大量能量使花朵盛开，异于平常，像是提醒主人记得出门带伞，所以也叫"风雨兰"。

138.文殊兰

Crinum asiaticum var. *sinicum*

别名： 文珠兰、罗裙带

科属： 石蒜科文殊兰属

描述： 草本，鳞茎圆柱形。叶带状披针形，簇生。花葶粗壮，高达 1 m；聚伞花序顶生，芳香；花冠高脚碟状，纯白色。蒴果扁球形。花期 6～8 月，果期 11～12 月。原产于亚洲热带地区。我国南方常见栽培。

　　株形优雅，花色素洁，芳香馥郁；花期长，开花繁多；容易栽培，是优良的观赏植物，也是佛教中的"五树六花"之一。全株有毒，鳞茎毒性最大。

139.鹅肠菜

Myosoton aquaticum

别名： 牛繁缕

科属： 石竹科鹅肠菜属

描述： 草本。叶片卵形，有时边缘具毛。花瓣白色。蒴果卵圆形。花期5～8月，果期6～9月。生于低湿处、田边或水沟旁。产于我国南方和北方各省。

鹅肠菜与同科植物雀舌草*Stellaria uliginosa*外形相似，容易混淆，二者区别在于鹅肠菜叶卵形，有明显长叶柄，雄蕊10枚。雀舌草叶无柄或短柄，雄蕊5枚。

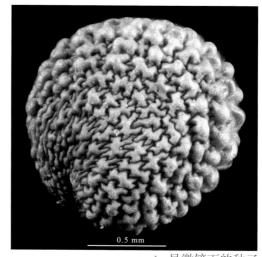

0.5 mm

▲ 显微镜下的种子

140.风车草

Cyperus involucratus

别名： 轮伞莎草、旱伞草

科属： 莎草科莎草属

描述： 草本，株高30～150 cm。杆近圆柱状。叶鞘棕色抱茎。苞片条形，20枚，辐射展开；长侧枝聚伞花序；小穗椭圆形，压扁；花多白色或黄褐色。小坚果椭圆形，近三棱形，褐色。花果期全年。原产于非洲东部和亚洲西南部。我国华南地区均有栽培。

株形美观，在园林中常用于水体浅水外绿化，也可以配植于假山石隙等处。

141.小叶榄仁

Terminalia mantaly

别名: 非洲榄仁、雨伞树

科属: 使君子科榄仁树属

描述: 落叶大乔木，主干浑圆挺直,冠幅2~5 m。叶广椭圆形。穗状花序腋生；花两性,淡绿色,花萼5裂,无花瓣。核果阔椭圆形。花期3~6月,果期4~9月。原产于非洲马达加斯加。我国华南地区常见栽培。

　　小叶榄仁生长速度快,侧枝轮生水平展开,树冠伞形,层次分明,树形优美,常栽培作行道树。种仁可食。

142.金银莲花

Nymphoides indica

别名： 印度荇菜

科属： 睡菜科荇菜属

描述： 多年生水生草本。叶漂浮，宽卵圆形或近圆形，长 3~8cm，全缘。花多数，5 数；花冠白色，基部黄色，长 0.7~1.2 cm，直径 6~8 mm，裂至近基部，冠筒短，具 5 束长柔毛，裂片卵状椭圆形，腹面密被流苏状长柔毛。花果期 8~10 月。我国分布于东北、华东、华南地区以及河北、云南。

143.番石榴

Psidium guajava

别名： 芭乐、鸡屎拔

科属： 桃金娘科番石榴属

描述： 小乔木，树皮片状剥落，淡绿褐色。叶对生，革质，矩圆形。花白色，芳香，花瓣4~5；雄蕊多数。浆果球形，淡黄绿色，顶端有宿存萼片。种子多数。花期4~6月，果期8~10月。原产于南美洲。我国南方地区常见栽培。

　　果实香甜可口，深受人们喜爱。但不能多吃，因为果实里面种子多，难以消化，本身亦含有鞣质，有止泻、收敛作用，多吃容易引起便秘。

144.蒲桃

Syzygium jambos

别名： 广东葡桃、水葡桃

科属： 桃金娘科蒲桃属

描述： 乔木。叶对生，革质，矩圆状披针形。聚伞花序顶生；花绿白色，花瓣4；雄蕊多数。浆果核果状，球形，成熟时黄色。花期4～5月，果期5～6月。生于山林溪旁。分布于我国华南、西南地区。

　　果实含有种子1～2颗，摇起来"咯咯"有声，广东话里亦叫"嘟嘟果"，果可生食或制作蜜饯。果实成熟时候，常引来各种鸟类啄食，甚至蝙蝠都常常光临取食。

145.洋蒲桃

Syzygium samarangense

别名： 莲雾

科属： 桃金娘科蒲桃属

描述： 乔木。叶片薄革质，椭圆形。聚伞花序；花白色；雄蕊极多。果实梨形，肉质，洋红色。花期3～4月，果期5～6月。原产于东南亚。我国华南地区常见栽培。

园林栽种的洋蒲桃虽然满树挂果，红彤彤诱人，却很少见鸟类或其他动物来取食，果熟后经常掉落满地也无人问津，原因是果味寡淡、不甜。

146.垂枝红千层

Callistemon viminalis

别名： 串钱柳、瓶刷子树

科属： 桃金娘科红千层属

描述： 小乔木，枝细长下垂如柳状。叶披针形。花瓣5枚，淡绿色，圆形；雄蕊多数，花丝鲜红色。蒴果杯形。花果期4～9月。原产于澳大利亚。我国华南地区常见栽培。

垂枝红千层的穗状花序顶生，呈瓶刷状密集，像我们用来刷瓶子的刷子，因此别名"瓶刷子树"。常作行道树、园景树，种植于水岸边，迎风拂扬，婀娜多姿。

147.黄金香柳

Melaleuca bracteata 'Revolution Gold'

别名： 千层金、金叶白千层

科属： 桃金娘科白千层属

描述： 乔木。叶互生，叶片革质，披针形至线形，具油腺点，金黄色。穗状花序，花瓣绿白色。花期春季。原产于新西兰。我国华南地区常见栽培。

黄金香柳是20世纪90年代培育出来的栽培品种，主要靠扦插繁殖。叶色金黄，株形美观，适合在公园、绿地、路边等栽培供观赏。叶片被搓揉后，有一股浓烈的芳香。可作园林观叶植物。

148.嘉宝果

Plinia cauliflora

别名： 树葡萄

科属： 桃金娘科树番樱属

描述： 小乔木，树皮呈薄片状脱落，具斑驳的斑块。叶椭圆形。花常簇生于主干及主枝上，新枝上较少，花小，白色。一年多次开花。果实球形，成熟后紫色。原产于巴西。我国南方地区有引种。

　　嘉宝果的花和果实，多聚集于茎上，出现典型的"老茎生花"（老茎结果）现象。这是因为茎上空间相对开阔，容易获得授粉者（不仅仅是昆虫）的垂青，也容易传播种子。此外，其茎干也是植株输送养分的主干道，可以快捷获取养分来开花结果。

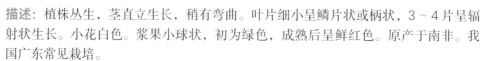

149.狐尾天门冬

Asparagus densiflorus 'Myersii'

科属： 天门冬科天门冬属

描述： 植株丛生，茎直立生长，稍有弯曲。叶片细小呈鳞片状或柄状，3～4片呈辐射状生长。小花白色。浆果小球状，初为绿色，成熟后呈鲜红色。原产于南非。我国广东常见栽培。

狐尾天门冬因植株形似狐狸的蓬松大尾巴而得名。常作观叶花卉栽培，除了公园花境种植，家庭阳台亦可布置，颇有特色。

150.亮叶朱蕉

Cordyline fruticosa 'Aichiaka'

科属： 天门冬科朱蕉属

描述： 灌木状草本，植株高达3m。叶长披针形，带紫红色、粉红色条斑，抱茎。花紫红色、青紫色或黄色；外轮花被片盛开时反折。花期11月至翌年3月。我国华南地区常见栽培。

亮叶朱蕉的叶片紫红，鲜艳夺目，是园林常见的著名观叶植物之一。适合配植于花坛镶边、花境中，也常见丛植于草地、湖边或建筑周边作基础种植植物。

151.海芋

Alocasia odora

别名：姑婆芋、滴水观音

科属：天南星科海芋属

描述：草本。叶卵状戟形，硕大，长和宽都在 60 cm 以上。佛焰苞呈舟形；肉穗花序，上部雄花，下部雌花，二者之间有不孕部分，顶端为附属体。浆果。花果期 4～8 月。分布于我国华南、西南、华东地区，华南地区常见栽培。

海芋全株有毒，含草酸钙等，汁液容易使人皮肤过敏。我国广东各大城市常种植于小区、公园等，须防止市民误食或接触汁液。

152.金钱蒲

Acorus gramineus

别名: 水蜈蚣、石菖蒲

科属: 天南星科菖蒲属

描述: 草本,根茎芳香,肉质,具多数须根。叶片薄,线形。肉穗花序圆柱状,长 4 ~ 6.5 cm,花黄白色。花、果期 2 ~ 6 月。生于湿地或溪旁石上。分布于我国黄河以南各省份。

在《诗经》中,就有"彼泽之陂,有蒲与荷"的记载,在《礼记·月令篇》中亦有"冬至后,菖始生。菖,百草之先生者也,于是始耕"的记载。古代雅士们常将金钱蒲晒干之后置入布袋作香囊,味道清冽,去浊气。

153.斑叶鹅掌藤

Schefflera arboricola 'Variegata'

别名： 花叶鸭脚木、花叶鹅掌藤

科属： 五加科鹅掌柴属

描述： 灌木，高3～5m。掌状复叶，小叶6～9片，革质，长卵圆形，边缘全缘，叶绿色，叶面具不规则黄色斑块。伞形花序，有花8～10朵；花瓣5～6枚，淡黄色。核果球形，成熟时黄色。花期8～11月，果期10～12月。

斑叶鹅掌藤为栽培品种，常种植于小区、公园等的绿化带中，作观叶植物。

154.澳洲鸭脚木

Schefflera actinophylla

别名：昆士兰伞木、辐叶鹅掌柴

科属：五加科南鹅掌柴属

描述：乔木。掌状复叶有小叶9～11片。圆锥状花序；花小，红色，密集。核果球形，成熟时红色。花期6～8月，果期8～11月。原产于澳大利亚昆士兰及太平洋中的一些岛屿。我国华南地区常见栽培。

优良的园林观赏植物，亦常作为盆栽摆设于室内。木材是制火柴杆的上等原料。还可以用来培养银耳。根、树皮可供药用。

155.荔枝

Litchi chinensis

别名： 丹荔、丽枝

科属： 无患子科荔枝属

描述： 乔木。偶数羽状复叶，小叶 2～4 对，披针形。圆锥花序顶生，花小，淡黄色，杂性；萼片 4；无花瓣。核果球形，果皮暗红色，有小瘤状突起。种子黑色。花期 3～5 月，果期 5～8 月。我国南方地区广泛栽培。

　　荔枝是我国华南地区的重要果树，栽培历史久，品种很多，常见的有糯米糍、桂味、妃子笑等。荔枝含丰富的果糖，多吃易得低血糖病（俗称荔枝病）。

156.龙眼

Dimocarpus longan

别名： 桂圆

科属： 无患子科龙眼属

描述： 乔木。偶数羽状复叶，小叶 4～6 对，长圆状披针形。花小，乳白色或淡黄色，杂性；萼片 4；无花瓣。核果球形。种子棕褐色。花期春夏季，果期夏季。我国南方有栽培，以福建、广东为主。

　　龙眼是我国岭南著名果树之一，常与荔枝相提并论。古代文献如《神农本草经》（东汉）和《南方草木状》（晋代）都有关于龙眼的记述，可见它的栽培历史悠久。

157.喜旱莲子草

Alternanthera philoxeroides

别名：空心莲子草

科属：苋科莲子草属

描述：草本，茎匍匐，长可达1m。叶长圆形。头状花序，单生叶腋。花白色。花期5～6月。生于水沟、湿地、池沼等处。原产于南美洲。我国华南及华东地区有引种或已野化。

可入药及作饲料。

158.藜

Chenopodium album

别名： 灰条菜

科属： 苋科藜属

描述： 草本，植株可高达 1.5 m。叶菱状卵形，具锯齿，有时嫩叶呈紫红色。圆锥花序，花两性。花果期 5 ~ 10 月。生于路旁、荒地及田间。产于我国各省。

幼苗可作蔬菜，茎叶可喂家畜。全草可入药，能止泻痢、止痒、可治痢疾、腹泻。果实称为"灰藋子"，有些地区将其代替"地肤子"药用。

159.水烛

Typha angustifolia

别名： 水蜡烛、狭叶香蒲

科属： 香蒲科香蒲属

描述： 水生草本，植株可高达 2.5 m。叶片长 54～120 cm。雄花序轴具褐色扁柔毛，单出；雌花序长 15～30 cm。小坚果长椭圆形。花果期 6～9 月。生于湖泊、湿地、池塘。我国华南地区常见栽培。

花粉（即蒲黄）可入药；叶片可用于编织、造纸等；幼叶基部和根状茎先端可作蔬食；雌花序可作枕芯和坐垫的填充物。是重要的水生经济植物。

160.粉绿狐尾藻

Myriophyllum aquaticum

别名： 大聚藻

科属： 小二仙草科狐尾藻属

描述： 挺水草本。茎上部直立，下部具有沉水性。叶轮生，叶圆扇形，一回羽状。雌雄异株，穗状花序，白色。花期7～8月。原产于南美洲。我国华南地区常见引种栽培。

　　株形美观，蓬松如狐狸尾巴；叶色清新，为优良的水生植物。多在公园、湿地、风景区等水体中成片种植，景观效果极佳，但生长快，有一定的入侵性，需注意控制数量。

161.篱栏网

Merremia hederacea

别名： 鱼黄草

科属： 旋花科鱼黄草属

描述： 缠绕草本。茎细长。叶心状卵形。聚伞花序腋生，常具 3～5 朵花；花冠黄色，钟状。蒴果扁球形。生于灌丛或路旁草丛。原产于非洲、亚洲热带地区。分布于我国华南地区。

162.鸭跖草

Commelina communis

别名： 鸭儿草、竹芹菜

科属： 鸭跖草科鸭跖草属

描述： 草本。茎下部具匍匐根，长可达1 m。叶披针形。总苞片佛焰苞状，心形；聚伞花序有花数朵，略伸出佛焰苞；花瓣蓝色；雄蕊6枚，3枚能育而长，3枚退化。蒴果椭圆形。种子具不规则窝孔。花期全年。我国南方各省均有分布。

全草可入药，为消肿利尿、清热解毒之良药。此外，对麦粒肿、咽炎、扁桃腺炎、腹蛇咬伤有良好疗效。

163.竹节菜

Commelina diffusa

别名： 竹节草、节节草

科属： 鸭跖草科鸭跖草属

描述： 草本，茎下部具匍匐根，长可达 1 m。叶披针形。蝎尾状聚伞花序；总苞片折叠状；花瓣蓝色。蒴果矩圆状三棱形。花果期 5～11 月。生于灌丛、溪边或潮湿旷野。原产于我国西南、华南地区。

竹节菜形态与鸭跖草 *Commelina communis* 相似。竹节菜植株可药用，能消热、散毒、利尿。花汁可作青碧色颜料，用于绘画。

164.垂柳

Salix babylonica

别名： 柳树

科属： 杨柳科柳属

描述： 乔木。小枝细长，下垂。叶狭披针形，边缘有细锯齿。雄花序短，长 1.5 ~ 2 cm；雌花序长，长可达 5 cm。蒴果。花期 3 ~ 4 月，果期 4 ~ 5 月。原产于我国长江流域与黄河流域。我国各地常见栽培。

垂柳是落叶乔木，冬天落叶，春天吐嫩芽，是四季物候的代表之一。其形态婀娜多姿，临水而生，随风摇曳，常被种植于城市水体旁作观赏植物。可作道旁、水边等处的绿化树。

165.杨梅

Myrica rubra

别名： 树梅、花旦果

科属： 杨梅科杨梅属

描述： 乔木。叶革质，楔伏倒卵形。花雌雄异株；雄花序单独或数条生于叶腋，雌花序常单生于叶腋。核果球状，有乳头状突起，成熟时红色。花期2～4月，果期5～7月。生长于低山丘陵、向阳山坡或山谷中。我国华南、华东、西南地区有栽培。

　　杨梅果实含有丰富的维生素 C，味甜而偏酸，汁多肉厚，可生食或作干果。

▲ 雌花

▲ 雄花

166.秋枫

Bischofia javanica

别名： 赤木

科属： 叶下珠科秋枫属

描述： 大乔木。三出复叶，小叶片纸质，卵形。圆锥花序；雌雄异株；花小；淡黄绿色。核果浆果状，近圆球形，淡褐色。花期4~5月，果期8~10月。常生于山地潮湿沟谷林中。我国华南、西南、华东、华中地区多有栽培。

秋枫的树干被砍伤后，会流出红色汁液，干凝后变淤血状。树皮可提取红色染料。果实是鸟类喜欢的食物之一，成熟时节，常有红耳鹎、白头鹎等前来啄食。

167.土蜜树

Bridelia tomentosa

别名： 逼迫子

科属： 叶下珠科土蜜树属

描述： 灌木或小乔木。叶纸质，长圆形。单性花，雌雄同株；雄花萼片三角形；花瓣倒卵形，顶端3～5齿裂；花盘浅杯状；雌花萼片三角形；花瓣倒卵形。核果近球形。花果几乎全年。生于山地疏林中或平原灌木林中。我国华南地区城市常见栽培。

药用。叶可治外伤出血、跌打损伤、感冒、神经衰弱、月经不调等。树皮含鞣质，可提取栲胶。

168.五月茶

Antidesma bunius

别名： 五味叶、酸味树

科属： 叶下珠科五月茶属

描述： 小乔木，高 4～10 m。叶片革质，倒卵状长圆形。花小；单性，雌雄异株；雄花穗状花序；花萼杯状；花盘生于雄蕊之外；雌花总状花序；雌花花盘林状。核果近球形，深红色。花期 3～5 月，果期 6～11 月。生于林中。我国广东、海南、广西、贵州、云南等地有栽培。

根、叶、果入药，可治疗跌打损伤、痈肿疮毒等症。

169.凤眼莲

Eichhornia crassipes

别名：水葫芦、凤眼蓝

科属：雨久花科凤眼莲属

描述：浮水草本，须根发达。叶在基部丛生，莲座状排列；叶片圆形。穗状花序；花冠四周淡紫色，中间蓝色，蓝色中央有 1 黄色圆斑。蒴果卵形。花期 7～10 月，果期 8～11 月。生于水塘、江河、沟渠中。原产于巴西。现广布于我国长江、黄河流域及华南地区各省。

凤眼莲叶柄中部膨大成囊状，犹如一个橡皮艇，能浮于水面，随波逐流。繁殖能力强，生长迅速，需要适当进行人工管控，避免泛滥成灾，造成生态灾难。

170.鸢尾

Iris tectorum

别名： 蓝蝴蝶、扁竹花

科属： 鸢尾科鸢尾属

描述： 草本。叶基生，宽剑形。花蓝紫色，直径约 10 cm。蒴果长椭圆形。花期 4～5 月，果期 6～8 月。生于向阳坡地、林缘及水边湿地。我国西南、华中、华东地区常见栽培。

根状茎可治关节炎、跌打损伤、食积、肝炎等。对氟化物敏感，可用于监测环境。

171.黄皮

Clausena lansium

别名： 黄弹

科属： 芸香科黄皮属

描述： 乔木。奇数羽状复叶，小叶5～11片，卵状椭圆形，叶缘波状。花瓣5枚，白色，芳香。果椭圆形，黄色；果肉乳白色，半透明。花期3～5月，果期6～8月。我国华南、西南地区有栽培。

黄皮是我国南方果品之一，除鲜食外还可盐渍或糖渍成凉果。有消食、顺气、除暑热的功效。根、叶及果核有行气、消滞、解表、散热、止痛、化痰功效。

172.樟

Cinnamomum camphora

别名: 香樟、油樟

科属: 樟科樟属

描述: 大乔木,高可达30 m。叶卵状椭圆形,有时呈微波状。圆锥花序腋生,花淡黄色。果卵球形,紫黑色。花期4~5月,果期8~11月。常生于山坡或沟谷中。我国长江以南各省常见栽培。

木材及根、枝、叶可用于提取樟脑和樟油,供医药及香料工业用。木材可为船、橱箱和建筑等用材。

173.基及树

Carmona microphylla

别名： 福建茶

科属： 紫草科基及树属

描述： 灌木，高1~3 m。叶片倒卵形。聚伞花序；花小；花冠白色，钟状。核果球形，成熟时红色。花期4~10月，果期6~12月。原产于我国广东、海南及台湾省。我国南方广为栽培。

基及树的萌芽力强，耐修剪，常作园林绿化中的绿篱，也可作盆景材料，在室内摆设。

174.叶子花

Bougainvillea spectabilis

别名： 三角梅、宝巾、簕杜鹃

科属： 紫茉莉科叶子花属

描述： 攀援灌木，有枝刺。叶纸质，卵形。花顶生枝端的 3 个苞片内，每个苞片生 1 朵花；苞片叶状，有砖红、粉红、橙红、橙黄等色。瘦果圆柱形，具 5 棱。花期全年。原产于巴西。我国南方普遍栽培。

外围的苞片大而美丽，容易被误认为是花瓣，因其形状似叶，故被称为"叶子花"。真正的花细小，白色，藏于苞片中，植株利用苞片的艳丽色彩，吸引昆虫前来访花授粉。

175.火焰树

Spathodea campanulata

别名： 火焰木、苞萼木

科属： 紫葳科火焰树属

描述： 乔木。奇数羽状复叶，小叶 13 ~ 17 片，叶片椭圆形。花萼佛焰苞状，外被褐色短绒毛；花冠橘红色，具紫红色斑点。蒴果狭长圆形。种子具周翅。花期全年。原产于非洲。我国华南地区常见栽培。

花朵多而密集，花色猩红艳丽，形如火焰，故名"火焰树"。盛开时候，常吸引鸟类及松鼠吸食花蜜。火焰树是加蓬的国花。

▲ 果实

▲ 带膜翅的种子

176.紫花风铃木

Tabebuia impetiginosa

科属：紫葳科风铃木属

描述：落叶乔木。掌状复叶，小叶 4～5 片，叶倒卵形。花冠深紫色或紫红色，漏斗状，花缘皱曲。蒴果条形。种子有膜质翅。花期 12 月至翌年 3 月，果期 3～4 月。原产于中南美洲。我国华南地区有栽培。

　　每年年底时，大部分植物都处于非花期，而此时的紫花风铃木却处于盛花期，花团锦簇，艳若彩霞，不逊于樱花，引来大量市民驻足观赏。

177.黄花风铃木

Handroanthus chrysanthus

别名： 巴西风铃木、伊蓓树

科属： 紫葳科风铃木属

描述： 落叶乔木，高4～6m。掌状复叶，小叶4～5片，叶倒卵形。总状花序顶生；花冠黄色，漏斗状，裂片5，花缘皱曲。蒴果条形。种子有膜质翅。花期3～4月，果期5～6月。原产于美洲。我国华南地区有栽培。

优良的木本园林观赏植物。每年3月，黄花风铃木盛开，满树繁花，到处都是金黄色的花海。

178.散尾葵

Dypsis lutescens

别名：黄椰子

科属：棕榈科金果椰属

描述：灌木，高 2～5 m。叶羽状全裂，羽片 40～60 对，披针形。圆锥花序；花单性同株；花小，卵球形，金黄色。果实倒卵形。花期 5 月，果期 8 月。原产于马达加斯加。我国南方地区常见栽培。

　　树形优美，是很好的庭园绿化树种。其切叶是插花花艺常用的材料之一。

179.狐尾椰

Wodyetia bifurcata

别名： 狐尾棕

科属： 棕榈科狐尾椰属

描述： 乔木，高 10～15 m。羽状复叶长 2～3 m，拱形。雌雄同株；花浅绿色；花序生于冠茎下。果卵形，成熟时橘红色。花期 9～12 月，果期 1～7 月。原产于澳大利亚昆士兰。我国南方常见栽培。

　　植株高大挺拔。叶形奇特。小叶在叶轴上分节轮生，形似狐尾，因此得名"狐尾椰"。果实成熟后，浸泡去掉外果皮，可以加工成各种饰品和工艺品。

180.再力花

Thalia dealbata

别名： 水竹芋

科属： 竹芋科水竹芋属

描述： 挺水草本，植株高 1 ~ 2 m。叶基生，叶柄长；叶片卵状披针形。穗状圆锥花序，花小，2 ~ 3 朵，紫红色。蒴果近圆球形。花期夏季。原产于美国南部和墨西哥。我国华南地区常见栽培。

　　再力花的授粉非常有趣。当蜂鸟采蜜时碰到花心，柱头（雌蕊）产生应激反应，把空洞的一侧弯向鸟喙，将鸟喙上带来的其他花朵的花粉掳下来，然后弯曲把另一侧柱头上自己的花粉给了鸟喙，蜂鸟便在不知不觉中将喙上的花粉换了一批，从而巧妙地完成授粉。再力花可作观赏水生植物。

181.酢浆草

Oxalis corniculata

别名： 酸味草

科属： 酢浆草科酢浆草属

描述： 草本，茎柔弱，常平卧，节上生不定根，被疏柔毛。3小叶复叶，倒心形。花黄色，花瓣5枚。蒴果近圆柱形。花果期全年。生于旷地或田边。原产于温带及热带地区，我国南方和北方各地均有栽培。

酢浆草的蒴果成熟后，水分减少，果皮裂开产生张力，张力会把种子弹射出几米远，起到自力传播的作用。酢浆草是酢浆灰蝶的寄主植物。

182.红花酢浆草

Oxalis corymbosa

别名： 大酸味草

科属： 酢浆草科酢浆草属

描述： 草本，主根圆锥状，肥厚，肉质，有根须；地下部分有多数小鳞茎。3 小叶，小叶阔倒卵形。花淡紫红色；花瓣 5 枚。蒴果短条形，角果状。花果期 3 ～ 12 月。生于山地、路旁、荒地。原产于南美洲。分布于我国华东、华中、华南、西南地区。

其鳞茎极易分离，在田野、在菜地、路边，甚至在阳台花盆里，红花酢浆草都能快速无性繁殖，掠夺土壤养分，严重影响其他植物生长。

183.阳桃

Averrhoa carambola

别名： 杨桃、五敛子、洋桃

科属： 酢浆草科阳桃属

描述： 乔木。奇数羽状复叶；小叶 5～11 对，卵形。花瓣 5 枚，淡紫色，生于老枝上。浆果长椭圆形，淡黄绿色，具 5 条纵向的脊状隆起。花果期 4～12 月。原产于马来西亚及印度尼西亚。我国华南地区常见栽培。

浆果横切面呈五角星形，像星星，所以，阳桃的英文名叫"star fruit"。果甜而多汁，宜生食，生津止渴，治风热；叶有利尿、散热毒、止痛、止血之效。

裸子植物

　　裸子植物在植物界中的地位，介于蕨类植物和被子植物之间。它是保留着颈卵器，具有维管束，能产生种子的一类高等植物。裸子植物的科、属、种数虽远比被子植物少，但覆盖面积却大致相等。全世界裸子植物大概有八百多种，我国大概有 236 种、47 变种。

184.柱状南洋杉

Araucaria columnaris

别名: 柱冠南洋杉

科属: 南洋杉科南洋杉属

描述: 乔木,树干通直。小枝下垂,成株树冠柱形;小枝排列不整齐,分层不明显,但幼株分层。幼态与成态叶完全不同。原产于大洋洲诺和克岛。我国福州、广州等地引种栽培,作庭园树。

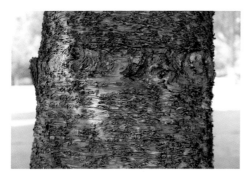

185.池杉

Taxodium distichum var. *imbricarium*

别名: 池柏

科属: 柏科落羽杉属

描述: 落叶乔木，常有膝状呼吸根。叶钻形，微内曲。球果圆球形，有短梗，向下斜垂，熟时褐黄色；种鳞木质，盾形。种子不规则三角形。花期3~4月，球果10月成熟。原产于北美洲东南部。我国长江流域常见栽培。

　　11月，球果成熟时，会引来冬候鸟"黑尾蜡嘴雀"前来啄食，黑尾蜡嘴雀具有锋利的喙尖，能轻松啄开池杉的种鳞，取食里面的种子。

▲ 呼吸根

▲ 黑尾蜡嘴雀在啄食池杉的球果

▲ 雄花

▲ 种子

▲ 雌花

186.苏铁

Cycas revoluta

别名: 避火蕉、铁树

科属: 苏铁科苏铁属

描述: 木本。羽状叶,条形,质坚硬。雄球花圆柱形,小孢子叶长方状楔形,有黄褐色绒毛;大孢子叶球扁球形(雌球花),大孢子叶羽状分裂。种子卵圆形,熟时枯红色。花期6~7月,种子10月成熟。原产于我国福建、广东及沿海低山区。我国普遍栽培。

苏铁科植物是一亿五千年前中生代(恐龙时代)就生活在地球上的优势植物,是少数现今仍存在的"活化石"。

蕨类植物

蕨类植物门是植物界的一门。蕨类植物根、茎、叶中具有真正的维管组织，以孢子繁殖。蕨类植物不开花结果，一般在外形上难以和种子植物相区别。全世界约有一万两千多种蕨类，我国大概有 2 500 种。

187.蜈蚣草

Pteris vittata

别名： 蜈蚣蕨

科属： 凤尾蕨科凤尾蕨属

描述： 草本。叶簇生，基部羽片为耳形，中部羽片最长，狭线形；在成熟的植株上，除下部缩短的羽片不育外，几乎均能育；不育的叶缘有细锯齿。孢子囊群线形，着生羽片边缘的边脉；囊群盖圆形。广布于我国热带和亚热带地区。

蜈蚣草为钙质土及石灰岩的指示植物，生于钙质土或石灰岩上；也常生于石隙或墙壁上。在不同的生境下，形体大小差异很大。

▲ 孢子囊分布

▲ 孢子囊分布

188.毛蕨

Cyclosorus interruptus

科属： 金星蕨科毛蕨属

描述： 草本，植株高达130 cm。根状茎横走。叶近生；二回羽裂；羽片22~25对；叶片卵状披针形。孢子囊群圆形，生于侧脉中部。生于山谷、溪旁湿处，海拔达200~380 m。分布于我国台湾、福建、海南、广东、香港、广西、江西等省。

红树林植物

红树林植物主要生长在高盐、强酸性土壤等环境中，在长期的演化过程中，衍生出四大特征，分别是胎生现象、丰富皮孔、奇特根系和拒盐／泌盐现象。

▲ 胚轴

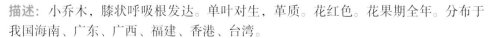

189.木榄

Bruguiera gymnorhiza

别名：鸡爪榄、红茄苳

科属：红树科木榄属

描述：小乔木，膝状呼吸根发达。单叶对生，革质。花红色。花果期全年。分布于我国海南、广东、广西、福建、香港、台湾。

　　木榄内含大量单宁酸，多生长于盐度较高的潮间带滩涂，是典型的红树林植物，通过胚轴以胎生的方式繁殖。

190.秋茄树

Kandelia obovata

别名： 水笔仔、红浪

科属： 红树科秋茄树属

描述： 小乔木。单叶对生，全缘。花白色。花果期全年。多生于红树林中滩及中外滩。分布于我国海南、广东、广西、福建、香港。

秋茄树内含有大量单宁酸，是我国红树林植物中分布最广、最耐寒的树种。通过胚轴以胎生的方式繁殖，是典型的红树林植物。

▲ 胚轴

191.无瓣海桑

Sonneratia apetala

别名： 孟加拉海桑、海柳

科属： 千屈菜科海桑属

描述： 乔木，笋状呼吸根发达。单叶对生。无花瓣；柱头蘑菇状；雄蕊多数。花果期 6～10 月。生于中低潮带的滩涂。原产于孟加拉国、印度等地。我国广东和海南有引进栽培。

无瓣海桑的生长速度快，对环境适应能力强，有很强的竞争能力。对其是否导致生态入侵现尚存一定的争议。

192.蜡烛果

Aegiceras corniculatum

别名： 桐花树

科属： 报春花科桐花树属

描述： 灌木或小乔木。单叶互生，全缘。花白色。蒴果圆柱形，弯曲如新月形，顶端渐尖。花果期10月至翌年2月。分布于我国福建、广东、广西、海南、香港。

蜡烛果的树皮单宁酸含量较高，是我国分布面积最大的红树林植物。多生长于有淡水输入的海湾河口中潮带，耐盐能力中等偏下。繁殖方式为扦插果实（隐胎生）。

193.卤蕨

Acrostichum aureum

别名：金蕨

科属：凤尾蕨科卤蕨属

描述：大型草本（蕨类）。叶羽状复叶，厚革质，光滑。孢子囊满布能育羽片下，无盖。分布于我国广东、香港、海南、云南。

典型的海岸湿地植物（半红树植物），常见于有淡水输入的高潮带滩涂，对污染物有很强的吸收能力。依靠孢子繁殖。

▲ 叶背后的孢子囊分布

194.草海桐

Scaevola taccada

别名： 水草仔

科属： 草海桐科草海桐属

描述： 灌木。叶片肉质，倒卵形。花冠白色带紫色，檐部向一侧开展，裂片5。果实卵球形。花期3~9月，果期8月至翌年1月。常见于沿海沙滩、石砾地。分布于我国广东、广西、海南、福建、香港、台湾。

有些城市把野生的草海桐驯化为园林观赏植物，种植在海湾口的咸淡水交替的堤岸上，作海岸固沙防潮树。

195.苦郎树

Volkameria inermis

别名: 许树、假茉莉

科属: 唇形科苦郎树属

描述: 灌木,幼枝四棱。叶卵形,两面被疏黄色腺点。聚伞花序;花冠白色,5裂,裂片椭圆形,冠筒长2～3 cm;雄蕊伸出,花丝紫红色。核果倒卵圆形。花果期3～12月。分布于我国福建、台湾、广东、广西。

生长在海岸沙滩和潮汐能至的地方,是我国南部沿海防沙造林树种。木材可作火柴杆。根可入药,有清热解毒、散瘀除湿、舒筋活络的功效。

196.老鼠簕

Acanthus ilicifolius

别名： 冬青叶老鼠簕

科属： 爵床科老鼠簕属

描述： 灌木，有圆柱形支柱根。叶形全缘或深波浪，会随环境而变化。花冠淡紫蓝色。花果期5～9月。分布于我国海南、广东、广西、福建、香港、澳门。

多生于有淡水输入的高潮带滩涂和受潮汐影响的水沟两侧。叶面有盐腺，能通过盐腺把积累过多的盐分排出。繁殖方式为播种与扦插。

197.黄槿

Hibiscus tiliaceus

别名： 糕仔树、面头果

科属： 锦葵科木槿属

描述： 乔木。叶近圆形。花黄色，心部紫黑色，脱落前花色变红。花果期全年。常见于红树林林缘或海岸沙地、堤坝。分布于我国台湾、福建、海南、广东、香港、澳门。

其叶常用于包裹糕饼，故又名"糕仔树"。树皮纤维可供制绳索；嫩枝叶可作蔬菜；木材可作建筑、船及家具等的材料。耐盐碱能力好。

▲ 叶背银白色

▲ 果实

▲ 板根

198.银叶树

Heritiera littoralis

别名： 大白叶仔

科属： 锦葵科银叶树属

描述： 大乔木，有板根。叶背密被银灰色鳞秕。单性花，无花瓣，萼片红色。花期4～5月，果期8～11月。分布于我国广东、广西、海南、香港、台湾。

　　多生长在潮滩内缘、河滩地以及海陆过渡带的陆地。果实浮力大，能借水流传播，是典型的海漂植物。

199.水黄皮

Pongamia pinnata

别名: 水流豆

科属: 豆科水黄皮属

描述: 乔木。奇数羽状复叶，叶互生，小叶2~3对。花淡紫色或粉红色。荚果扁平，不开裂。花期5~6月，果期10月。分布于我国广东、广西、海南、香港、台湾。

　　水黄皮多生长在海岸高潮线上缘海岸。果实浮力大，能借水流传播繁殖，是典型的海漂植物。

200.海刀豆

Canavalia rosea

科属： 豆科刀豆属

描述： 藤本。羽状复叶，小叶 3 片，倒卵形。花紫红色；旗瓣圆形，翼瓣镰刀状长椭圆形，龙骨瓣钝。荚果线状长圆形。种子椭圆形。花期 6～7 月，果期 11 月。生于海边沙滩上、河岸树丛中。分布于我国广东、广西、香港。

果荚成熟时膨胀，像一把弯刀。果荚和种子都有毒，含刀豆氨酸。如把豆荚当作野菜进食，易因加工不当引起中毒，人中毒后出现头晕、呕吐等症状，严重者昏迷。

动物篇

脊索动物门

  脊索动物门是动物界最高等的一门，其共同特征是在个体发育全过程或某一时期具有脊索、背神经管和鳃裂。现存脊索动物约有41 000种。

鸟类基础知识

一、鸟类的身体部位结构图

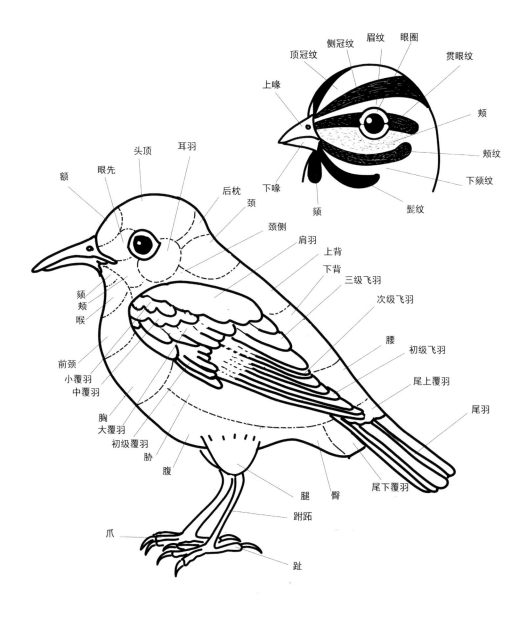

二、名词解释

按鸟类生息状态分类

1. 留鸟——一年四季停留在一个地区的鸟种，不进行长距离的迁徙，如八哥。

2. 夏候鸟——仅夏季出现在某个地区的繁殖鸟种，如八声杜鹃、家燕。

3. 冬候鸟——仅冬季出现在某个地区的鸟种，不繁殖，只越冬，如琵嘴鸭。

4. 迷鸟——偏离正常分布区，由于迁徙过程中气候因素影响或缺乏经验，导致迷路而出现在某个地区的鸟种。

5. 海鸟——终年于海洋、海岛、海岸间活动，仅繁殖时期才停驻于陆地的鸟类。

6. 引进逸出种——原不属于该地区的物种，经非自然方式出现在该地区，后逸出野外。

八哥 ▲

家燕 ▲

琵嘴鸭 ▲

按鸟类的成长阶段分类

1. 雏鸟——出壳后尚未换上正羽的阶段的鸟类，全身裸露或者仅有绒羽。

2. 幼鸟——雏鸟首次换上正羽（稚羽）后至首次换羽前的阶段的鸟类，无繁殖能力。

3. 亚成鸟——幼鸟首次换羽后至换上成羽前的过渡阶段的鸟类，无繁殖能力。

4. 成鸟——具备繁殖能力且羽色基本稳定的鸟类。

红耳鹎的雏鸟 ▲

斑文鸟的幼鸟 ▲

黑水鸡的亚成鸟 ▲

叉尾太阳鸟的成鸟 ▲

按鸟生态类型分类

1. 游禽——喜欢在水上生活的鸟类。脚向后伸，趾间有蹼，有扁阔的嘴或尖嘴。善于游泳、潜水并在水中掏取食物，大多数不善于在陆地上行走，但飞翔很快。如鸭、雁等。

琵嘴鸭 ▶

2. 涉禽——适应水边生活的鸟类（均为湿地水鸟）。休息时常一只脚站立。大部分从水底、污泥中或地面获得食物。如鸻、鹬等。

金斑鸻 ▶

3. 猛禽——均为掠食性鸟类。在生态系统中，猛禽个体数量较其他鸟类少，但却处于食物链的顶层。比如鹰、雕、鹫等。

黑鸢 ▶

4. 陆禽——后肢强壮，适于地面行走，翅短圆退化，喙强壮且多为弓形，适于啄食。如珠颈斑鸠等。

珠颈斑鸠 ▶

5. 鸣禽——种类繁多，鸣叫器官（鸣肌和鸣管）发达的鸟类。它们善于鸣叫，善于营巢，繁殖时有复杂多变的行为，体型多为中、小型，雏鸟在巢中得到亲鸟的哺育才能正常发育。如树麻雀等。

树麻雀 ▶

6. 攀禽——足（脚）趾发生多种变化，适于在岩壁、石壁、土壁、树干等处攀缘生活的鸟类。如普通翠鸟等。

普通翠鸟 ▶

▲ 雄鸟

001.小䴙䴘

Tachybaptus ruficollis

门纲： 脊索动物门鸟纲

目科： 䴙䴘目䴙䴘科

描述： 䴙䴘读 pì tī。雌雄同型。小型游禽。体长 25～32 cm。栖于湖泊、水塘及湿地。善于潜水。身体短胖，尾短小。虹膜黄白色，嘴基具乳黄色斑。留鸟。

　　䴙䴘刚出生时通体黑色，毛绒绒如煤球，胆怯，常躲藏在亲鸟背部翅膀里。亲鸟背着幼鸟游走觅食，直到幼鸟独立为止，以避开天敌如黑耳鸢等。

▲ 雌鸟背幼鸟

▲ 三口之家

▲ 繁殖羽

002.小白鹭

Egretta garzetta

门纲： 脊索动物门鸟纲

目科： 鹈形目鹭科

描述： 雌雄同型。中型涉禽。体长55～70 cm。栖于稻田、河岸、泥滩及沿海小溪流。全身体羽白色。嘴和腿黑色，趾黄色。繁殖期枕部着生2根细长饰羽，前颈和背部具蓑羽。留鸟。

小白鹭在浅水中觅食时，常一脚站立，另一脚不停地在水中搅拌，把鱼虾晃动出来，非常聪明。白鹭有时会捕杀其他小型鸟类的幼鸟为食。

▲ 非繁殖羽

003.大白鹭

Ardea alba

门纲： 脊索动物门鸟纲

目科： 鹈形目鹭科

描述： 雌雄同型。大型涉禽。体长 90～110 cm。栖于江湖、河流等水域。通体羽毛白色。非繁殖期脚黑色，嘴巴黄色，眼先黄色。繁殖期时嘴变黑色，眼先靛色。留鸟。

多单独活动，有时跟小白鹭等混群。

▲ 非繁殖羽

004.苍鹭

Ardea cinerea

门纲： 脊索动物门鸟纲

目科： 鹈形目鹭科

描述： 雌雄同型。大型涉禽。体长 75～110 cm。栖于江湖、河流等水域。主要以鱼类、水生昆虫等为食。非繁殖羽头颈灰白色，头两侧有黑色饰羽，颈侧有 2～3 条黑色纵纹。繁殖期，脚呈桃红色。冬候鸟。

单独活动，行动缓慢，颈缩成"S"形。非常有耐性，会在一个地方等候食物许久，故又称"老等"。

005.池鹭

Ardeola bacchus

门纲： 脊索动物门鸟纲

目科： 鹳形目鹭科

描述： 雌雄同型。中型涉禽。体长 45～50 cm。栖于稻田、池塘、湖泊及沼泽等水域。非繁殖期全身近暗褐色。繁殖期颈、胸为栗红色，背生深蓝灰色的蓑羽，其余白色。留鸟。

学名中的 *bacchus*（巴克科斯）是指罗马神话中的酒神，以形容池鹭如酒红色的夏羽。

▲ 非繁殖羽

▲ 繁殖羽

▲ 幼鸟

006.夜鹭

Nycticorax nycticorax

门纲: 脊索动物门鸟纲

目科: 鹈形目鹭科

描述: 雌雄同型。中型涉禽。体长
42～50 cm，栖于稻田、池塘、湖
泊及沼泽等水域。幼鸟虹膜黄色；
体羽褐色，密布白色斑点。成鸟虹
膜红色，头顶及背部蓝黑色，头顶
有2～3根细长的白色饰羽。留鸟。

　　常缩颈或单腿站立，身体呈驼
背状，不惧怕人，昼夜均可捕食，
常在水边等待。筑巢在树上，营巢
地常有腥臭味道。

▲ 成鸟

▲ 晾晒翅膀

007.普通鸬鹚

Phalacrocorax carbo

门纲： 脊索动物门鸟纲

目科： 鲣鸟目鸬鹚科

描述： 雌雄同型。大型水鸟。体长70～90 cm。常栖息于河流、湖泊、水库及池塘。主要以鱼类为食。通体黑褐色，具紫色金属光泽；嘴巴基部及喉囊黄色；眼周及上喉白色。常结群活动。冬候鸟。

善于潜水捕食，上嘴端下弯且锋利，能卡住抓捕到的鱼，防止鱼挣扎滑落。由于羽毛防水性不够，它们不能长期呆在水里，需要间隔上岸或者在石头上晾晒翅膀。

▲ 雄鸟

▲ 雌鸟

008.赤颈鸭

Mareca penelope

门纲： 脊索动物门鸟纲

目科： 雁形目鸭科

描述： 雌雄异型。大型游禽。体长 45~50 cm。栖于湖泊、河口及红树林湿地。雄鸟头至上颈栗色，带黄色冠羽，胸红褐色，背及体侧有黑色细波纹，腰侧白色，臀黑色。雌鸟头、颈褐色，眼周有黑晕。冬候鸟。

在南方越冬的赤颈鸭常吞食一些小砂砾，小砂砾能帮助其胃部磨碎食物而提高消化能力。常与其他鸭类混群。

009.琵嘴鸭

Spatula clypeata

门纲: 脊索动物门鸟纲

目科: 雁形目鸭科

描述: 雌雄异型。大型游禽。体长 45 ~ 55 cm。常栖息于湖泊、河口及红树林湿地。雄鸟嘴黑色,头部深绿色具光泽,背部黑色,腹部栗色,其余白色。雌鸟嘴色较浅,体羽大部分呈黑褐色。冬候鸟。

琵嘴鸭的嘴大而扁平,觅食时会将嘴在水面上来回摆动,过滤水中的食物。常与其他鸭类混群。

▲ 雌鸟

▲ 雄鸟

229

010.黑鸢

Milvus migrans

门纲： 脊索动物门鸟纲

目科： 鹰形目鹰科

描述： 雌雄同型。中型猛禽。体长 55～65 cm。喜欢在林地边缘、海岛和湿地周边盘旋，营巢于大树和峭壁上。上体暗褐色；耳羽颜色较深，似黑眼；喉白色；下体黄褐色。尾部分叉，尾羽具有黑褐色横纹。留鸟。

　　黑鸢属于中等体型的猛禽，常捕食鱼类、黑水鸡幼鸟等。但又常被体型较小的大嘴乌鸦驱赶追打，上演一出"以小欺大"的"戏剧"。常小群活动。为国家二级保护野生动物。

▲ 幼鸟

▲ 亚成鸟

011.黑水鸡

Gallinula chloropus

门纲： 脊索动物门鸟纲

目科： 鹤形目秧鸡科

描述： 雌雄同型。中型水鸟。体长 30 ～ 35 cm。栖于湖泊、水塘及沼泽地。以水生植物、水生昆虫、软体动物为食。嘴暗黄绿色，嘴基及额甲红色；体羽大致黑色，两肋有白色纵纹。留鸟。

性温顺，不善于飞行，只能短距离飞行，常在浮水植物上行走。雄鸟常发出响亮的如"chuck-chuck"声。常小群出现。

012.白胸苦恶鸟

Amaurornis phoenicurus

门纲： 脊索动物门鸟纲

目科： 鹤形目秧鸡科

描述： 雌雄同型。中型水鸟。体长 26～35 cm。栖于湖泊、灌丛、河滩及红树林。上嘴基部有黄斑，头顶、颈侧、体侧及上体近黑灰色，脸、颊、胸及上腹部白色，下腹部及尾下棕红色。留鸟。

成鸟的叫声如"ku a-ku a-ku a"声，相传一个年轻女子被婆婆及小姑子迫害致死，死后化成白胸苦恶鸟，终日叫"苦鸣冤"。

幼鸟

▲ 孵蛋

▲ 蛋

013.黑翅长脚鹬

Himantopus himantopus

门纲：脊索动物门鸟纲

目科：鸻形目反嘴鹬科

描述：雌雄略异。中型涉禽。体长 33 ~ 41 cm。喜沿海浅水及淡水沼泽地。嘴、头顶、背部及翼黑色，具有金属光泽；其他部位白色。冬候鸟。

外形优雅，脚长，红色，步行缓慢，飞行时双腿伸直。虽然是冬候鸟，但最近几年有零星数量在广东越冬繁殖。

014.反嘴鹬

Recurvirostra avosetta

门纲： 脊索动物门鸟纲

目科： 鸻形目反嘴鹬科

描述： 雌雄相似。中型涉禽。体长 40 ~ 45 cm。喜沿海浅水及淡水沼泽地。嘴黑色，头顶及后颈黑色，站立时翅膀有两道黑斑，腿青灰色，其余部位白色。具全蹼。冬候鸟。

常群体活动在浅水处，行走轻快。嘴细长而上翘，进食时，嘴往两边扫动，会在水中倒立取食。

015.金眶鸻

Charadrius dubius

门纲: 脊索动物门鸟纲

目科: 鸻形目鸻科

描述: 雌雄相似。小型涉禽。体长 15～17 cm。栖息于沿海滩涂、河滩、沼泽。嘴黑色;眼眶金黄色;头顶和上体灰褐色;额头白色。繁殖羽眼先至耳羽有黑色贯眼纹,两眼之间在额头上有一黑带;有完整黑色领环。留鸟。

常快步小跑式前进。亲鸟在孵蛋或育雏时,遇到天敌来临,会假装身体受伤倒卧而乘机引开敌人,以保护卵或雏鸟的安全。

▲ 亚成鸟

▲ 非繁殖羽

016.金斑鸻

Pluvialis fulva

门纲： 脊索动物门鸟纲

目科： 鸻形目鸻科

描述： 雌雄相似。小型涉禽。体长23～25 cm。栖息于沿海滩涂、河滩、草地。小群活动。繁殖羽上体黑褐色，密布金黄色斑点；白色眉纹从颈侧延伸到胸侧；下体纯黑色。非繁殖羽色较淡，黑下体消失。冬候鸟。

性格胆小而机警，遇到危险立即起飞，边飞边叫，叫声响亮如"ji wei-ji wei"的金属声。

▲ 繁殖羽

017.矶鹬

Actitis hypoleucos

门纲： 脊索动物门鸟纲

目科： 鸻形目鹬科

描述： 雌雄同型。小型涉禽。体长 20～25 cm。喜沿海滩涂、稻田、溪流等。头顶至后颈灰褐色，具浅色眉纹和黑褐色贯眼纹；背至尾部黑褐色，具细白斑；下体白色；胸侧至肩部形成"V"形白斑；脚浅黄绿色。留鸟。

　　喜单独活动，常在水边觅食。行走时不停点头，身体后部常上下颤动。受惊扰时贴水面飞离，边飞边叫。

018.青脚鹬

Tringa nebularia

门纲： 脊索动物门鸟纲

目科： 鸻形目鹬科

描述： 雌雄同型。中型涉禽。体长 30 ~ 35 cm。喜海滩、盐田、泥滩及内陆沼泽地。嘴长而略上翘。上体灰褐色，具有黑褐色羽干纹和白色羽缘，下体白色，尾部具有黑色横斑，脚黄绿色。冬候鸟。

　　喜爱在浅水处边走边啄食，头常上下点动，常突然加速奔跑，冲向鱼群捕食。多产卵在湿地边缘开阔草地的凹坑里。

▲ 中间站立的红嘴鸥（黑头者）已出现繁殖羽

019.红嘴鸥

Larus ridibundus

门纲：脊索动物门鸟纲

目科：鸻形目鸥科

描述：雌雄同型。中型鸟类。体长 36 ~ 42 cm。非繁殖羽上体浅灰色，其他部位白色，耳羽具黑斑，尾羽黑色。繁殖羽头部黑褐色，嘴和脚深红色。冬候鸟。

　　常大群活动，不惧怕人。胆大，常跟在其他水鸟如鸬鹚等后面，抢夺它们的食物。同类之间亦经常打斗，抢夺地盘或食物。

020.斑鱼狗

Ceryle rudis

门纲： 脊索动物门鸟纲

目科： 佛法僧目翠鸟科

描述： 雌雄略异。中型鸟类。体长26～30 cm。活动于较大水体及红树林中。头顶冠羽较小，白色眉纹；喉白色，具点斑；上体黑色，具白斑点；下体白色；上胸具黑色宽阔条带。留鸟。

　　斑鱼狗的视力非常厉害，常悬浮于半空，观察水面，伺机捕鱼，一旦看到猎物，以闪电般速度垂直插入水中进行抓捕，然后出水。挖洞为巢。叫声尖厉如"zha-zha"声。

▲ 悬浮在空中

▲ 筑巢在泥坡

021.普通翠鸟

Alcedo atthis

门纲： 脊索动物门鸟纲

目科： 佛法僧目翠鸟科

描述： 雌雄略异。小型鸟类。体长 15～18 cm。常出没于河流、湖泊、池塘等处，栖于岩石或树上。雄鸟嘴黑色，雌鸟下嘴橘黄色。前额、耳羽栗棕色，上体从前额到后颈深蓝绿色并带有翠蓝色细横斑，背部翠蓝色。留鸟。

普通翠鸟筑巢在泥坡洞里，洞深大约 0.5～1 m。洞口仅可容它们进出，以避开天敌。它们在洞内产卵和育雏。

022.白胸翡翠

Halcyon smyrnensis

门纲：脊索动物门鸟纲

目科：佛法僧目翠鸟科

描述：雌雄同型。中型鸟类。体长26～30 cm。常出没于河流、湖泊、水库及池塘等处，栖于岩石或树上。嘴、脚红色，喉及胸部白色，头、颈及下体深栗色，下背至尾上覆羽灰蓝色。留鸟。

通常单独活动，停驻在水边的石头、树枝或电线杆上。捕鱼后回到站处，会左右摔打小鱼，再调整角度吞咽下去。是国家二级保护野生动物。

023.珠颈斑鸠

Spilopelia chinensis

门纲： 脊索动物门鸟纲

目科： 鸽形目鸠鸽科

描述： 雌雄同型。中型鸟类。体长 27 ~ 32 cm。栖于村庄周围及稻田，常在地面取食。头、颈灰色略带粉红；颈侧黑色，具白点的领斑；上体灰褐色，下体粉红色；脚红色。留鸟。

喜小群活动，十分适应城市生活，甚至会到居民窗台、花盆等营巢。常发出低沉的"gu-gu-gu"声。

024.褐翅鸦鹃

Centropus sinensis

门纲： 脊索动物门鸟纲

目科： 鹃形目杜鹃科

描述： 雌雄同型。中型鸟类。体长 40～52 cm。喜欢林缘地带、芦苇河岸及红树林河口。成鸟虹膜红色，嘴黑色粗厚，通体黑色带金属光泽，两翅及肩为棕褐色。尾长而宽。留鸟。

又称红毛鸡，是杜鹃科中的非巢寄生类型，自行营巢于草丛、灌木中，叫声低沉响亮惊人如"hoop-hoop"声。是国家二级保护野生动物。

025.家燕

Hirundo rustica

门纲： 脊索动物门鸟纲

目科： 雀形目燕科

描述： 雌雄同型。小型鸟类。体长 16 ～ 20 cm。上体黑色，具蓝绿色光泽；额头、喉、上胸栗红色；下胸和腹白色。尾长，呈深分叉状。巢呈开放式碗形。全年常见。

　　家燕是我国历代文学中出现较多的鸟类之一。喜栖于人类的居住环境，成对栖于屋檐、衔泥筑巢等。

026.金腰燕

Cecropis daurica

门纲： 脊索动物门鸟纲

目科： 雀形目燕科

描述： 雌雄同型。小型鸟类。体长 17 ～ 19 cm。主要以昆虫为食。上体黑蓝色，具光泽；眉纹、后颈及腰部橘黄色。颊、喉、胸、腹白色，具有黑色羽干纹；尾长，呈深分叉状。留鸟。

喜栖于人类的居住环境，成对栖于屋檐、衔泥筑巢等。巢呈葫芦形，具隧道状入口，对比家燕巢的开放式碗形来说，更具有安全性。有时，金腰燕会对家燕巢进行霸占。

▲ 巢

▲ 无眼线型

▲ 有眼线型

▲ 西南亚种（颈头连型）

027.白鹡鸰

Motacilla alba

门纲： 脊索动物门鸟纲

目科： 雀形目鹡鸰科

描述： 雌雄相似。小型鸟类。体长 17 ～ 19 cm。栖于水塘、河流、稻田、湖泊等岸边。整体黑白两色。常见两个亚种：一种有黑色贯眼线，一种无贯眼线。两个亚种胸部都有黑色斑块。留鸟。

生性活泼，不惧人。站立时尾巴上下摆动，飞行时尾巴呈波浪式并伴随鸣叫。喜欢在水边活动觅食。

▲ 雌鸟

▲ 雌鸟

028.灰鹡鸰

Motacilla cinerea

门纲： 脊索动物门鸟纲

目科： 雀形目鹡鸰科

▲ 雄鸟

描述： 雌雄略异。小型鸟类。体长 16～19 cm。栖于山涧溪流、河流、湖泊等水域岸边。上体暗灰色；眉纹白色；腰和尾上覆羽黄绿色；飞羽黑褐色，具白色翼斑；下体灰色带黄；尾较长。雄鸟喉部黑色，雌鸟喉部白色。冬候鸟。

习性跟白鹡鸰相似，频繁地上下抖尾，飞行时尾巴呈波浪式，有时会悬停捕食。常在水边活动觅食。

029.树鹨

Anthus hodgsoni

门纲： 脊索动物门鸟纲

目科： 雀形目鹡鸰科

描述： 雌雄略异。小型鸟类。体长约15 cm。栖于低山丘陵和平原草地。常活动在林缘、路边等处。上体橄榄绿色，具褐色纵纹和黄白色眉纹，耳后有一黄白色斑；下体浅黄色，胸部有明显的黑褐色纵纹。冬候鸟。

常小群在地面活动，尾巴上下摆动，受到惊吓时会飞到附近的树上藏匿。繁殖期叫声婉转，具颤音，似云雀。

▲ 雏鸟

030.红耳鹎

Pycnonotus jocosus

门纲： 脊索动物门鸟纲

目科： 雀形目鹎科

▲ 在啄食果实

描述： 雌雄同型。中型鸟类。体长 18～20 cm。小群活动于山脚平原、草坡、田地及公园。有黑色耸立的羽冠；眼下方有一红斑，其下又有一白斑；上体及颈两侧棕褐色；喉及下体白色；尾下覆羽橘红色。留鸟。

红耳鹎是我国广东省内数量最多、分布最广的鸟类，几乎无处不在。食性杂，除了昆虫、小型野生动物外，也喜欢吃各种植物果实和种子，对生境适应性极强。

031.白喉红臀鹎

Pycnonotus aurigaster

门纲： 脊索动物门鸟纲

目科： 雀形目鹎科

描述： 雌雄同型。中型鸟类。体长 18～20 cm。栖于林缘、次生林、开阔林地、草坡及公园。头部黑色，有短羽冠；喉白色；上体灰褐色；飞羽及尾羽棕褐色；下体白色；尾下覆羽橘红色。留鸟。

白喉红臀鹎外形跟红耳鹎相似，两者容易混淆，主要区别在于：红耳鹎羽冠高耸且耳颊边有红色斑，白喉红臀鹎羽冠较矮平且无红色耳羽。

251

032.白头鹎

Pycnonotus sinensis

门纲： 脊索动物门鸟纲

目科： 雀形目鹎科

描述： 雌雄同型。中型鸟类。体长 18～20 cm。小群活动于疏林地带、果园、人工林等。头、嘴、脚黑色；喉白色；上体橄榄灰绿色；飞羽及尾羽黑褐色，具黄绿色羽缘；下体灰白色。留鸟。

眼后至枕部有白斑，因此也叫"白头翁"。在我国广东省内分布广、数量多，习性跟红耳鹎相似。性胆大而不惧人，喜筑巢在居民阳台、花木灌丛或庭院小乔木上。

▲ 雏鸟

卵

▲ 深色型

033.棕背伯劳

Lanius schach

门纲： 脊索动物门鸟纲

目科： 雀形目伯劳科

描述： 雌雄同型。中型鸟类。体长 23 ～ 28 cm。嘴黑粗，上嘴尖端弯钩状；头顶至上背灰黑色，背部棕红色；有黑色贯眼纹；喉白色；翼、尾黑色；下体浅棕色，偶见深色（黑化）型。留鸟。

棕背伯劳性情凶猛，主要以昆虫、蜈蚣、蛙、蜥蜴等动物为食，甚至会以其他鸟类为食，有"小屠夫"之称。此外，还善于模仿其他鸟类叫声。常站立在树顶或电线上。

034.八哥

Acridotheres cristatellus

门纲： 脊索动物门鸟纲

目科： 雀形目椋鸟科

描述： 雌雄同型。中型鸟类。体长 24～26 cm。小群活动于山脚平原、草坡、田地及公园。嘴、脚黄色；通体黑色，有金属光泽；前额有竖直的冠状羽簇，有白色翼斑。留鸟。

八哥非常聪明，懂得利用机会，常跟在耕田拖拉机或牛后面，捕捉被惊吓的昆虫。经过训练后会模仿人说话，常被作笼鸟饲养。

035.丝光椋鸟

Spodiopsar sericeus

门纲： 脊索动物门鸟纲

目科： 雀形目椋鸟科

描述： 雌雄略异。中型鸟类。体长20 ~ 23 cm。小群活动于低山丘陵、稀树草坡及海滨。脚、嘴橘红色，嘴尖端黑色；头、颈银白色，羽毛丝状；翼、尾深灰蓝色，其余体羽灰色。冬候鸟。

喜成群结队在地面上觅食，有时会跟其他椋鸟混群。嘴巴红色，英文名叫"Red-billed Starling"。因外形漂亮常作为笼养观赏鸟。

▲ 雌鸟

▲ 雄鸟

036.黑领椋鸟

Gracupica nigricollis

门纲： 脊索动物门鸟纲

目科： 雀形目椋鸟科

描述： 雌雄同型。中型鸟类。体长 27～30 cm。小群活动于山脚平原、草坡、田地及公园。眼周裸露的皮肤为黄色，具有黑色的宽阔领环，背部黑色，翼上羽毛黑白斑驳，下体白色。留鸟。

性格不惧人，常结小群在地上觅食。叫声嘈杂响亮。繁殖期常在大乔木上筑巢，多用树根、树枝、破衣架、烂布条等筑巢。常常被噪鹃利用，代其孵卵及育雏。

▲ 筑巢

▲ 鸟巢

037.红嘴蓝鹊

Urocissa erythroryncha

门纲： 脊索动物门鸟纲

目科： 雀形目鸦科

描述： 雌雄同型。大型鸟类。体长 55 ~ 65 cm。栖于低海拔阔叶林、混交林等林缘地带。嘴、脚红色。头、颈、喉及胸黑色，头顶灰白色斑；上体蓝灰色；下体灰白色；尾巴蓝色且长，有白色端斑。留鸟。

红嘴蓝鹊外形美丽，但叫声嘈杂。性情凶悍，领地意识很强，尤其是孵卵及育雏期，常驱赶靠近鸟巢的动物，甚至会攻击其他猛禽。常被噪鹃利用，代其孵卵及育雏。

▲ 被噪鹃寄生的红嘴蓝鹊鸟巢

038.喜鹊

Pica pica

门纲： 脊索动物门鸟纲

目科： 雀形目鸦科

描述： 雌雄同型。中型鸟类。体长 40 ~ 48 cm。栖于城市公园、村庄、农田等人类居住环境。腹部白色；翅上有一大型白斑；其余部位蓝黑色，带金属光泽。留鸟。

喜鹊叫声粗哑单调，如"ga-ga-ga"声。喜欢在电线塔或者大乔木顶上筑巢，鸟巢甚为粗糙。性格大胆，会主动骚扰猛禽。

鸟巢

039.大嘴乌鸦

Corvus macrorhynchos

门纲： 脊索动物门鸟纲

目科： 雀形目鸦科

描述： 雌雄同型。大型鸟类。体长 46～55 cm。栖于平原、耕地、城镇及村庄。杂食性。嘴粗厚，嘴尖弯曲。嘴基有长羽。额明显向上呈拱圆形。通体黑蓝色，带金属光泽。留鸟。

叫声为粗哑单调的"啊、啊、啊"声。喜欢在电线塔或者大乔木顶上筑巢。性格强悍好斗，常追赶鹰科猛禽，如黑耳鸢等。

▲ 吞食腐烂编织袋丝线

▲ 雄鸟

▲ 雌鸟

040.鹊鸲

Copsychus saularis

门纲： 脊索动物门鸟纲

目科： 雀形目鹟科

描述： 雌雄略异。小型鸟类。体长约 20 cm。栖于林缘和灌丛，尤喜居灌丛里及路边。雄鸟上体及喉、胸部为金属蓝黑色，腹白色，翼黑色带白斑，尾羽黑白相间。雌鸟似雄鸟，只是雄鸟身体黑色部分的地方，雌鸟是暗灰色。留鸟。

鹊鸲是我国广东最常见的鸟类之一，喜人类居住环境。性格活泼，不惧人。繁殖期间，雄鸟常站于树顶或者屋顶，高声鸣唱，婉转动听。为孟加拉国的国鸟。

041.北红尾鸲

Phoenicurus auroreus

门纲： 脊索动物门鸟纲

目科： 雀形目鸫科

描述： 雌雄相异。小型鸟类。体长约15 cm。栖于林缘、河谷灌丛及路边。雄鸟头部羽毛银灰色，上体、脸颊及喉黑色，有白色翼斑，下体及尾部橙棕色。雌鸟整体橄榄褐色，翼斑白色，尾部橙棕色。冬候鸟。

单独活动，停栖时尾巴上下抖动和点头。飞起啄食后常回到原栖处。领域意识比较强，排斥同类。叫声单一，尖细清脆。

▲ 雄鸟

▲ 雌鸟

042.黑脸噪鹛

Garrulax perspicillatus

门纲： 脊索动物门鸟纲

目科： 雀形目噪鹛科

描述： 雌雄同型。中型鸟类。体长 27～32 cm。活动于灌丛、竹林及公园。头顶至后颈暗灰色，额、眼周、耳羽黑色，上体灰褐色，下体棕白色，尾下覆羽棕黄色。留鸟。

　　别名"七姐妹"。喜小群活动，喧闹吵杂，叫声如"diu-diu-diu"声。不进行长距离飞行，常在灌丛间飞来飞去。地面活动时，多跳跃向前。

▲ 雏鸟

▲ 成鸟育雏

043.黄腹山鹪莺

Prinia flaviventris

门纲： 脊索动物门鸟纲

目科： 雀形目扇尾莺科

描述： 雌雄相似。小型鸟类。体长 12 ~ 13 cm。栖于芦苇沼泽、高草地及灌丛。头暗灰色，上体橄榄褐色带绿，尾羽淡褐色具白色末端，喉及上胸白色，腹部黄褐色。留鸟。

喜在灌丛上跳跃，叫声悦耳清脆，有时像小猫的轻柔叫声。扑翼时发出清脆声响。多在灌丛里筑巢。鸟巢常用木棉棉絮、草茎等筑成，外形漂亮，呈碗口状。

044.长尾缝叶莺

Orthotomus sutorius

门纲: 脊索动物门鸟纲

目科: 雀形目扇尾莺科

描述: 雌雄相似。小型鸟类。体长 12～14 cm。常见于农田、果园、公园等的灌丛中。前额及头顶棕色,上体橄榄绿色,下体白色夹黄。尾巴长。留鸟。

▲ 蛋

常在灌丛中跳跃觅食,尾巴常上扬。长尾缝叶莺是鸟界中的裁缝高手,擅长用大叶片做漏斗状鸟巢,并铺垫棉絮等柔软物,在里面孵卵。常被杜鹃科鸟类如噪鹃等寄生。

▲ 漏斗状鸟巢

045.褐柳莺

Phylloscopus fuscatus

门纲： 脊索动物门鸟纲

目科： 雀形目柳莺科

描述： 雌雄相似。小型鸟类。体长11～12 cm。常见于农田、果园、林缘及荷塘周围灌丛。上体橄榄绿色，眉纹棕白色，贯眼线暗褐色；下体黄褐色。冬候鸟。

常单独活动。喜欢在树枝上跳来跳去，或跳上跳下，不断发出类似"qi-qi-qi"的叫声。若遇到干扰，会立刻落入灌丛中藏匿。

巢

046.暗绿绣眼鸟

Zosterops japonicus

门纲： 脊索动物门鸟纲

目科： 雀形目绣眼鸟科

描述： 雌雄相似。小型鸟类。体长约10 cm。栖于阔叶林、混交林、次生林等各种森林中。上体暗绿色，眼周有白色眼眶，下体灰白色，喉部和尾下覆羽黄色，飞羽及尾羽黑褐色。留鸟。

白色绒状眼圈，如绣花针刺绣而成，因此得名"绣眼鸟"。喜欢访花吸蜜，体形娇小秀美，跟花相映成趣，是摄影师喜爱的素材之一。

047.树麻雀

Passer montanus

门纲： 脊索动物门鸟纲

目科： 雀形目雀科

描述： 雌雄同型。小型鸟类。体长约 14 cm。头顶至后颈栗褐色；颊部白色，与白色颈环相连；耳下有一黑斑；眼现及喉部黑色；背棕色，具黑色纵纹；下体棕白色。留鸟。

群体活动，不惧怕人，常在人类活动比较多的环境栖息和觅食。秋季昆虫少的时候，尤其喜欢吃稻谷。常筑巢于桥洞、墙洞、屋檐等处。

▲ 在桥底下的水泥洞营巢

048.远东山雀

Parus minor

门纲：脊索动物门鸟纲

目科：雀形目山雀科

描述：雌雄同型。小型鸟类。
体长约 14 cm。栖于阔叶林、
林地、果园及公园。头、喉黑色，
两侧颊有大块白斑，上体蓝灰
色，上背草绿色，下体灰白色，
胸、腹有一宽阔黑色的中央纵
纹与喉部相连接。留鸟。

　　两侧颊有大块白斑，因此
别名"小白脸"。生性活泼，
叫声清脆，如"ji-ji-ji"声。会
选用苔藓、草茎、棉絮等柔软
材料在树洞里筑成碗状巢。

▲ 雌鸟

049.叉尾太阳鸟

Aethopyga christinae

门纲: 脊索动物门鸟纲

目科: 雀形目太阳鸟科

描述: 雌雄异型。小型鸟类。体长 8～11 cm。嘴长而下弯。雄鸟头顶及后颈金属绿色,上体橄榄绿色,喉、胸朱红色,下体余部黄绿色;中央尾羽延长分叉。雌鸟上体橄榄绿色,下体绿灰色;尾羽不延长。留鸟。

雄鸟尾羽有尖细的延长,因此得名"叉尾太阳鸟",雌鸟无叉尾。常停留于开花植物上,以花蜜为食,也吃小昆虫。叫声尖锐,如"ji-ji-ji"声。

▲ 雄鸟

050.斑文鸟

Lonchura punctulata

门纲： 脊索动物门鸟纲

目科： 雀形目梅花雀科

描述： 雌雄同型。小型鸟类。体长约 10 cm。嘴短粗厚。上体棕褐色，颊及喉为红褐色，下体棕白色，胸及两胁密布深褐色鳞片状斑纹。留鸟。

群体活动，喧吵，叫声如"bi-bi-bi"声。主要以谷粒、及其他植物果实、种子，以及昆虫为食。常和白腰文鸟、麻雀等混群，若受惊扰，全群会立即起飞。

▲ 幼鸟

两栖动物基础知识

一、两栖动物的基本介绍

　　两栖动物是指幼体在水中生活，成体水、陆兼栖的变温四足动物。其皮肤裸露，大部分体表没有鳞片、毛发覆盖，但是可以分泌出黏液来保持身体湿润。此外，两栖动物都是体外受精、卵生；幼体靠腮呼吸，成体用肺并借助皮肤辅助呼吸。常见的有蛙类等。

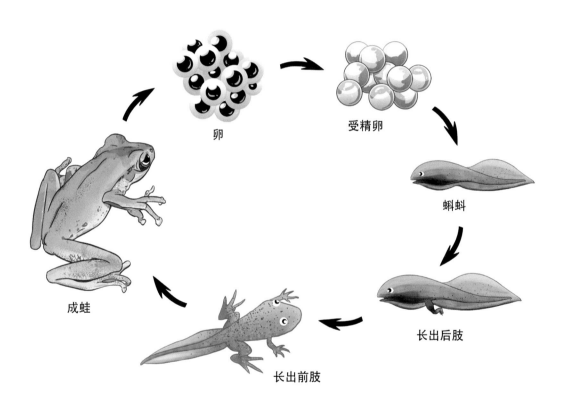

卵

受精卵

蝌蚪

长出后肢

长出前肢

成蛙

二、常用术语解析

1. 声囊 —— 大多数雄性在咽喉部由咽部皮肤或肌肉扩展形成的囊状突起。

2. 鼓膜 —— 中耳的组成部分，两栖类的鼓膜位于眼后，呈圆形，覆盖中耳腔的外壁，内接耳柱骨。

3. 耳后腺 —— 蟾蜍类动物一对大型的毒腺，位于眼后方、鼓膜旁，故又称耳旁腺。一般认为由黏液腺变异而成，其分泌物含多种有毒成分。

4. 变态 —— 指两栖动物在发育时期发生的巨大形态变化，如从蝌蚪到蛙的形态变化。

5. 外鳃 —— 指两栖类幼体突出于体外的羽毛状鳃，大部分变态后会消失，比如蝌蚪初期。

6. 疣粒 —— 指两栖动物皮肤表面上的肉质突起。

7. 吸盘 —— 指蛙类足趾，呈吸盘状，能帮助蛙类吸附在平滑的物体如树枝、墙壁上。

▲ 饰纹姬蛙

▲ 黑眶蟾蜍

▲ 斑腿泛树蛙

▲ 蝌蚪

051.黑眶蟾蜍

Bufo melanostictus

门纲： 脊索动物门两栖纲

目科： 无尾目蟾蜍科

描述： 俗名癞蛤蟆。因其吻端、上眼睑到前肢基部有黑色隆起棱而得名黑眶蟾蜍。雌雄体型差异较大，雄性体长约 6 cm，雌性体长约 11 cm。体色棕色至黄褐色。

白天多躲藏在落叶之中或者暗处；晚上常出现在路灯下，捕食被灯光吸引过来的昆虫。遇敌时会从其耳后腺和疣粒中分泌出毒液，以抵御捕猎者。是我国广东常见的蟾蜍种类之一。

052.大绿臭蛙

Odorrana graminea

门纲: 脊索动物门两栖纲

目科: 无尾目蛙科

描述: 雄性体长约5cm，雌性约10cm，雌雄体型差异甚大，雌大雄小。背部绿色，体侧和四肢浅棕色，四肢有深棕色横纹。栖息于山涧及其附近。

雌蛙产卵在溪边石头下方，受到威胁的时候会分泌出白色有毒液体御敌，有毒液体刺鼻且具有刺激性。人如不慎被毒液喷到，应尽快用清水冲洗。

053.沼蛙

Boulengerana guentheri

门纲： 脊索动物门两栖纲

目科： 无尾目蛙科

描述： 俗称水狗，也叫沼水蛙。雄蛙体长 6 ~ 8 cm，雌蛙体长 6 ~ 10 cm。背部颜色变化大，多为棕色或棕黄色，侧面深褐色，体腹面黄白色，体侧、前肢前后和后肢内外侧有不规则黑斑。皮肤光滑，体两侧各具有一条明显的背侧褶。

多栖息于稻田、池塘或水坑内，跳跃能力很强。繁殖期在 5 ~ 6 月，雄蛙的咽部外声囊会膨胀鼓起，发出响亮的鸣声以吸引异性交配。一般沼蛙成片漂浮在水面。

▲ 雄蛙鼓起声囊鸣叫求偶

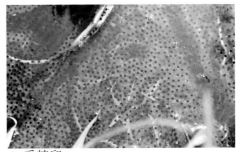

▲ 受精卵

054.泽陆蛙

Fejervarya multistriata

门纲： 脊索动物门两栖纲

目科： 无尾目叉舌蛙科

描述： 体长 4 ~ 6 cm。吻尖，外形似虎纹蛙但体型较小。背面灰橄榄色、深灰色或棕褐色，上下唇缘有棕黑色纵纹，少量个体背部正中有宽窄不一的金色背中线。

常见于稻田、沼泽、水塘、水沟等静水区域或草地、草丛。多在夜间觅食，食量很大，主要捕食小型昆虫、白蚁等。繁殖期，受精卵通常成片漂浮于水面。

055.虎纹蛙

Hoplobatrachus chinensis

门纲： 脊索动物门两栖纲

目科： 无尾目叉舌蛙科

描述： 俗称田鸡。雌蛙体型较大，约 12 cm；雄蛙体型较小，约 8 cm。全身棕绿色，背部有长短不一、排列成纵行的肤棱，期间散有小疣粒。多栖息于农田和池塘。

　　杂食，主要以大型昆虫、鱼类、小型蛙类等为食。白天藏匿于洞穴内，多夜间活动。跳跃能力很强，稍微有动静就跳入深水中。为国家二级保护野生动物。

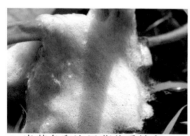

▲ 米黄色卵泡里藏着受精卵

056.斑腿泛树蛙

Polypedates megacephalus

门纲： 脊索动物门两栖纲

目科： 无尾目树蛙科

描述： 体长 5～7 cm，雄小雌大。体色浅褐色。背部具有"X"形斑纹，皮肤光滑，有细小疣粒。栖息在农田、池塘周边，市政公园、森林里等。

行动缓慢，弹跳能力不强。常用发达的趾部吸盘吸附在树干或墙壁上。繁殖期为 4～9 月，交配完毕后，雌蛙会将卵产在水面树枝上或水池角落上。

057.饰纹姬蛙

Microhyla fissipes

门纲： 脊索动物门两栖纲

目科： 无尾目姬蛙科

描述： 又名小雨蛙。体长约 3 cm。头小，身体呈三角形。背部浅褐色，具有两个深棕色的"V"形斑纹；腹部白色。

　　生活在沼泽、农地、菜地或树林枯叶下，主要以蚂蚁和白蚁为食。繁殖期为 3～8 月。繁殖期间，雄蛙叫声响亮如"ga-ga-ga"声，鸣囊鼓大如气球。

雄蛙鸣叫求偶

058.花姬蛙

Microhyla pulchra

门纲： 脊索动物门两栖纲

目科： 无尾目姬蛙科

描述： 体长约 3 ~ 4 cm。头小，身体呈三角形，皮肤光滑，足趾无吸盘。背部浅褐色，具有黑棕色和棕色重叠相套的 "V" 形斑纹。

　　生活在平原及山区，常聚集在池塘或水坑附近。主要以各类小昆虫为食。繁殖期为 4 ~ 9 月。繁殖期间，雄蛙叫声响亮如 "ga-ga-ga" 声，鸣囊鼓大如气球。花姬蛙弹跳能力很强。

059.小弧斑姬蛙

Microhyla heymonsi

门纲： 脊索动物门两栖纲

目科： 无尾目姬蛙科

描述： 体长约 2 cm。体小，身体略呈三角形。背面皮肤光滑，散有小疣粒。从吻部到肛部有一条金黄色的细脊线，体两侧有纵行深色纹。指、趾末端均具有吸盘。

生活在林下层、山区稻田、水坑边、土穴或草丛中。主要以昆虫为食。雄蛙鸣声低沉且慢。

雄蛙鸣叫求偶

▲ 抱对交配

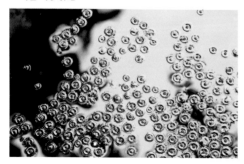

060.花狭口蛙

Kaloula pulchra

门纲： 脊索动物门两栖纲

目科： 无尾目姬蛙科

描述： 体长约 8 cm。头小，身体呈三角形，外形肥胖。背部中央有个三角形的深褐色斑块，其外侧左右各有一条浅褐色条纹，整体如"八"字。

花狭口蛙一般于暴雨后在低洼或排水沟形成的积水中繁殖。雄蛙鸣声如老牛，常被误以为是牛蛙在鸣叫。雄蛙宏亮叫声吸引雌蛙前来交配，雌蛙产卵于水面上。蝌蚪经 20 天左右可完成变态成为幼蛙。花狭口蛙主要以蚁类为食。

爬行动物基础知识

一、爬行动物的基本介绍

爬行动物属于四足总纲的羊膜动物，是蜥形纲及合弓纲（除鸟类及哺乳类）以外所有物种的通称。

它们四肢从体侧横出，不便直立；体腹常着地面，爬行为它们典型的行为方式；只有少数体型轻捷的爬行动物能疾速行进。

爬行动物和两栖动物一样，没有完善的保温和体温调节功能，能量容易丧失，需要从外界获取必需的热量，为外热源动物。它们通过自己的行为，可以在一定程度上调节体温，比如晒太阳、冬眠等。

爬行动物主要包括鳄类、龟鳖类、蜥蜴类、壁虎类、蛇类等，体表被角质鳞或硬甲，是在陆地繁殖的一类变温动物。

二、常用术语解析

1. 卵胎生 —— 动物的卵在母体内发育成新的个体后产出母体的生殖方式，所需养分主要靠卵自身所含的卵黄供给。

2. 孤雌生殖 —— 雌性的卵不经受精便能单独发育成新个体的繁殖方法。

3. 神经毒 —— 以神经系统为对象的毒性物质，干扰神经系统功能，出现相应的中毒体征和症状。

4. 毒腺 —— 分泌对其他动物有毒害作用物质的腺体的总称。

铜蜓蜥 ▲

变色树蜥 ▲

环纹华游蛇 ▲

061.原尾蜥虎

Hemidactylus bowringii

门纲： 脊索动物门爬行纲

目科： 有鳞目壁虎科

描述： 体扁平，全长约12 cm。体色会随环境而变化。体背覆盖均一的粒鳞，无大型锥状鳞。尾部呈圆柱形，侧缘无锯齿状缘。体背浅褐色，有斑驳状斑纹，腹部淡肉色。

栖息于室内或者建筑物墙缝内。常在夜间灯光下捕食小型昆虫，喜人类生活环境。

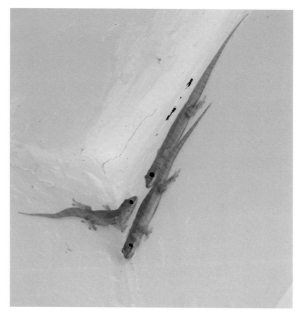

062.铜蜓蜥

Sphenomorphus indicus

门纲： 脊索动物门爬行纲

目科： 有鳞目石龙子科

描述： 体长约24cm。背面古铜色，脊背有一条黑脊纹，体侧具一条不明显的黑色纵纹。吻短而钝，耳孔卵圆形，较大。

　　栖息于植被较好的次生林。昼行性，常在林道等较为宽阔的地方晒太阳。卵胎生，每次产仔5只以上，繁殖期在7~8月。

063.南滑蜥

Scincella reevesii

门纲： 脊索动物门爬行纲

目科： 有鳞目石龙子科

描述： 体长约8～13 cm。体背灰棕色。身体两侧上半部始自鼻孔向后延伸至尾端，各有一黑褐色纵带。在两侧纵带之间的背面，自颈部到尾前段有棕褐色小点缀连成的四条链状纵线，指、趾下面略带红棕色。

栖息于低山区，常活动于路旁落叶或林下草丛中。主要以小型昆虫为食。春季繁殖。胎生，每次产2～3只幼蜥。

▲ 繁殖期或者受惊吓后，雄性头颈部变橘红色

064.变色树蜥

Calotes versicolor

门纲： 脊索动物门爬行纲

目科： 有鳞目鬣蜥科

描述： 体长约40 cm。体背具有深棕色斑块，眼睛周围具有辐射状黑纹，尾巴长。雌性有两条黄色背侧纹，尾部有深浅相间的环纹。

　　昼行性，喜欢爬到灌木丛上晒太阳，夜间则趴在树枝上休息。主要以小型昆虫和无脊椎动物为食。雄性在繁殖期时头颈变为红色，以吸引雌性。

065.中国水蛇

Enhydris chinensis

门纲： 脊索动物门爬行纲

目科： 有鳞目游蛇科

描述： 又名中国沼蛇、泥蛇、唐水蛇。体长 50 ~ 70 cm。体背暗灰棕色，有不规则小黑点，腹面淡黄色有黑斑，尾部略侧扁。

生活于平原、丘陵或山麓的流溪、池塘、水田或水渠内。主要在清晨和黄昏活动，以鱼类、青蛙为主食。卵胎生。微毒，无咬伤致死案例。

066.银环蛇

Bungarus multicinctus

门纲: 脊索动物门爬行纲

目科: 有鳞目眼镜蛇科

描述: 又名银甲带、花扇柄。体长 0.6～1.6 m。头、颈黑色。体背面有黑白相间的环纹，躯干有 30～50 个白色环带，尾部有 9～15 个白色环带，腹面白色。

银环蛇在夜间活动，多栖息于水边，主要以鱼、蛙、蛇、鼠为食。繁殖期为 8～9 月。为我国目前毒性较强的毒蛇，神经毒素凶猛，但性情较温和，不会主动攻击人。

067.翠青蛇

Cyclophiops major

门纲：脊索动物门爬行纲

目科：有鳞目游蛇科

描述：体型不大，体长在 0.7 ～ 1.3 m 之间。背部草绿色，上面的鳞片比较光滑；下颌黄绿色，并夹杂着一些绿色的斑点；咽喉和腹部黄绿色。

栖息于平原至山区的常绿阔叶林次生林。以蚯蚓和昆虫幼虫为食。休息时多在树枝上卷成一团，性格十分温顺，无毒。

068.红脖颈槽蛇

Rhabdophis subminiatus

门纲: 脊索动物门爬行纲

目科: 有鳞目游蛇科

描述: 又名野鸡项、红脖游蛇、扁脖子。体长约 110 cm。全身橄榄绿色,颈部附近具红色斑块,腹部灰白色。幼蛇头部灰色,头颈具黑色和黄色斑纹。

栖息于平原至低山丘陵,常在水田或湿地出现。白天活动,主要以蛙类为食。红脖颈槽蛇受到惊吓的时候颈脖膨起,起到恐吓敌人的作用。微毒。

▲ 捕食蛙的幼蛇

▲ 受伤的蛇

069.环纹华游蛇

Sinonatrix aequifasciata

门纲：脊索动物门爬行纲

目科：有鳞目游蛇科

描述：体长约 100 cm。通身具镶黑边的粗大环纹，环纹中央绿褐色。年老个体的环纹体背模糊，而体侧则明显可见，呈粗大的"X"形。

　　常栖息于地形开阔的溪流中。主要捕食鱼类、蛙类。喜欢在溪边树枝上晒太阳。性格凶，无毒。

070.黄斑渔游蛇

Xenochrophis flavipunctatus

门纲： 脊索动物门爬行纲

目科： 有鳞目游蛇科

描述： 体长约 90 cm。体背橄榄绿色，体侧具黑色棋斑，腹部底色灰白色，每一腹鳞的基部黑色，形成黑白相间的横纹。

常栖息于平原水塘、水稻田，丘陵地带的溪流及周边，半水栖习性。主要捕食鱼类、蛙类，擅长潜水。无毒腺，但唾液含有毒成分，人畜被咬后伤处会轻微红肿及发痒。繁殖期一般在 3～4 月，卵生。

节肢动物门

　　节肢动物门是无脊椎动物成功进化到陆地的一个类群，身体异律分节，出现了分节的附肢，体壁发展为几丁质的外骨骼。在已知的一百多万种动物中，节肢动物占 90% 以上，分布广泛，数量庞大。

昆虫基础知识

一、昆虫的基本介绍

昆虫纲是一个分类单元，昆虫纲的生物被称为昆虫。

昆虫是动物界第一大门（节肢动物门）的第一大纲，昆虫已知种类多达一百多万种。据推测，整个昆虫群体可能有一千多万种，甚至可能达三千多万种。昆虫的多样性也是非常复杂的。

昆虫的成虫期具有下列基本特征。

1. 体躯由若干环节组成，这些环节集合成头、胸、腹 3 个体段。

2. 头部是取食与感觉的中心，具有口器和触角，通常还有复眼或单眼。

3. 胸部是运动与支撑的中心，成虫阶段具有 3 对足，一般还有 2 对翅。

4. 腹部是生殖与代谢的中心，包括生殖系统和大部分内脏，无行走用的附肢。

二、常用术语解析

1. 完全变态 —— 昆虫在个体发育中，经过卵、幼虫、蛹和成虫 4 个时期。比如蝴蝶。

2. 不完全变态 —— 昆虫在个体发育中，只经过卵、若虫（或稚虫）和成虫 3 个时期。比如蜻蜓。

3. 孵化、化蛹、羽化 —— 昆虫发育变态成虫的最后过程。昆虫从卵孵出幼虫的过程称作孵化；幼虫老熟变蛹的过程称作化蛹；由蛹变成虫的过程称作羽化。

4. 雌雄二型 —— 同种昆虫的雌、雄个体除了生殖器官的结构差异之外，在大小、颜色、结构等方面也常有明显的差异，这种现象叫昆虫的雌雄二型，比如黑尾灰蜻。

5. 性标 —— 蝴蝶雄性成虫在外观上容易识别其性别的结构称为性标，比如金斑蝶雄蝶后翅近中部下方有一囊状性标。

三、蝴蝶和蜻蜓的结构图

1. 蝴蝶身体结构图

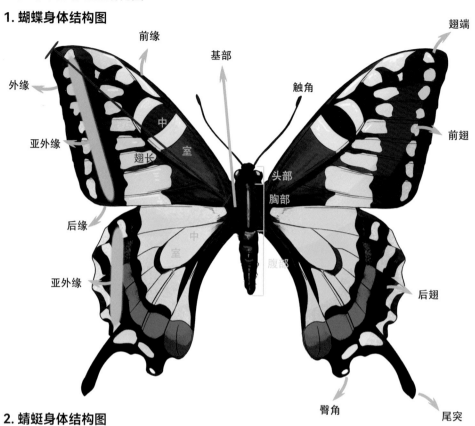

前缘 基部 翅端
外缘 触角
亚外缘 中室 前翅
翅长 头部
后缘 胸部
中室 腹部
亚外缘 后翅
臀角 尾突

2. 蜻蜓身体结构图

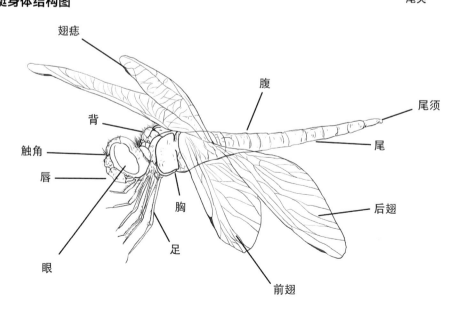

翅痣 腹
背 尾须
触角 尾
唇
胸 后翅
足
眼 前翅

071.巴黎翠凤蝶

Papilio paris

门纲: 节肢动物门昆虫纲

目科: 鳞翅目凤蝶科

描述: 完全变态。成虫翅黑褐色,翅表散布金绿色闪鳞,亚外缘有一列绿纵纹,后翅有一块蓝绿色幻影大型斑,十分醒目。

常在水边吸水,我国广东地区常见。寄主植物为芸香科植物,如三桠苦等。

072.玉带凤蝶

Papilio polytes

门纲: 节肢动物门昆虫纲

目科: 鳞翅目凤蝶科

描述: 完全变态。成虫翅黑褐色,前后翅带有一列白斑组成的白带,后翅亚外缘各室均有一红色斑。雌蝶多型,有些会拟态有毒的红珠凤蝶以恐吓天敌。

　　城市常见的蝴蝶种之一,有时在溪边吸水。寄主植物为芸香科植物,如柑橘、柠檬等。

▲ 幼虫　　　　　　　▲ 蛹

073.柑橘凤蝶

Papilio xuthus

门纲： 节肢动物门昆虫纲

目科： 鳞翅目凤蝶科

描述： 完全变态。成虫翅黑褐色，两翅布满黄斑，中室内的斑纹为长条形，后翅反面亚外缘有一列蓝色斑。

常见的蝴蝶品种之一。在第三阶段——蛹期常被寄生蜂所寄生，无法羽化。寄主植物为芸香科植物，如柠檬、柑橘、胡椒木等。

▲ 幼虫

▲ 蛹

074.金斑蝶

Danaus chrysippus

门纲： 节肢动物门昆虫纲

目科： 鳞翅目斑蝶科

描述： 完全变态。成虫翅面橙红色，外缘黑色并有一列白色斑点；前翅近顶角处有白斜带；后翅中部有3枚黑褐色斑。雄蝶后翅中室下方有1香鳞囊。

飞翔慢，常访花。由于幼虫以有毒植物为食，因而成虫体内积聚了很多毒素，天敌会有所顾忌。寄主植物主要有萝藦科的马利筋、黄冠马利筋等。

▲ 幼虫

蛹

075.虎斑蝶

Danaus genutia

门纲： 节肢动物门昆虫纲

目科： 鳞翅目斑蝶科

描述： 完全变态。成虫翅面橙红色；前翅前缘及端半部、后翅的外缘、翅脉黑褐色；前翅端半部有一列白斑排成斜带，外缘有两列白斑。

　　常见蝴蝶品种之一，成虫常出现在林缘地带及开阔杂草丛，喜欢访花。幼虫以有毒植物为食，因而成虫体内积聚了很多毒素，天敌会有所顾忌。寄主植物为萝藦科的刺瓜、天星藤等。

蛹

▲ 寄主植物 —— 羊角拗

076.蓝点紫斑蝶

Euploea midamus

门纲： 节肢动物门昆虫纲

目科： 鳞翅目斑蝶科

描述： 完全变态。成虫翅面黑褐色，有蓝紫的幻彩光泽，外缘及亚外缘有两列白点；后翅亚外缘有两列白点；雄蝶后翅前缘有一浅褐色香鳞斑。

常见蝴蝶品种之一，成虫喜欢访花。蓝点紫斑蝶的蛹是蝴蝶蛹中最漂亮的一种，通体金黄色，透着光泽，犹如金豆子。寄主植物为夹竹桃科的羊角拗等。

077.报喜斑粉蝶

Delias pasithoe

门纲： 节肢动物门昆虫纲

目科： 鳞翅目粉蝶科

描述： 完全变态。成虫两翅黑色，翅面有白色斑纹，后翅漆黄色，反面翅基部红色，斑纹黄色。卵黄色，成片工整列状产在寄主叶片上。

常见的蝴蝶品种之一，常出现在秋末冬初。寄主植物为檀香科植物和桑寄生科植物。报喜斑粉蝶密集聚集在寄主植物叶片上产卵，聚集化蛹及羽化；而其他种类蝴蝶多单粒产卵，单粒化蛹及羽化。

▲ 幼虫

▲ 蛹

卵

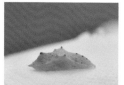

▲ 蛹

▲ 卵

▲ 幼虫

078.菜粉蝶

Pieris rapae

门纲： 节肢动物门昆虫纲

目科： 鳞翅目粉蝶科

描述： 完全变态。成虫两翅白色；前翅顶角黑色，中部有 2 个黑色斑；后翅前缘 1 个黑斑，两翅反面污白色；前翅中室外后侧有 1 个较大的黑斑。

常见蝴蝶品种之一。寄主植物为十字花科的芸薹属等蔬菜，尤其喜欢芥菜、西洋菜等。在西洋菜种植水田里，可见漫天飞舞的菜粉蝶，雌蝶把卵产在西洋菜叶片上，而孵化后的幼虫则啃食西洋菜叶片。

079.酢浆灰蝶

Pseudozizeeria maha

门纲： 节肢动物门昆虫纲

目科： 鳞翅目灰蝶科

描述： 完全变态。雄蝶翅面灰青色，雌蝶灰褐色。两翅反面灰色，外缘及中域各有1列弧形排列的黑斑。

　　常见蝴蝶品种之一。寄主植物为酢浆草科的酢浆草等。灰蝶科属于小型蝶种，正面多具有金属幻影色彩，反面则色彩相对偏淡。休息时，翅膀拢合，用反面淡色彩作隐蔽色。

080.钩翅眼蛱蝶

Junonia iphita

门纲： 节肢动物门昆虫纲

目科： 鳞翅目蛱蝶科

描述： 完全变态。成虫两翅正面深褐色，斑纹黑褐色，翅膀顶角外突呈钩状；后翅亚外缘内有1列模糊的眼斑，翅反面近后角有灰蓝色晕斑。

广东常见蝴蝶之一。寄主植物为爵床科的黄球花等。蛱蝶科是蝴蝶中数量最庞大最复杂的一个科，色彩鲜艳，翅形和斑纹复杂。成虫喜访花，亦喜欢吸食动物粪便或腐烂水果等，飞行多较迅速。

081.散纹盛蛱蝶

Symbrenthia lilaea

门纲： 节肢动物门昆虫纲

目科： 鳞翅目蛱蝶科

描述： 完全变态。成虫两翅正面棕黑色，斑纹橙黄色，前翅中室带较宽，后翅有两条宽横带；两翅反面土黄色，散布凌乱的细线纹。

常见蝴蝶品种之一。幼虫群栖，寄主植物为荨麻科的苎麻等。

▲ 蛹

▲ 羽化中

082.蓑蛾

Psyche sp.

门纲： 节肢动物门昆虫纲

目科： 鳞翅目蓑蛾科

描述： 又称避债蛾。雌雄异型。雄虫有翅，前翅有几处透明斑。有复眼，触角羽状，喙退化。

雌虫无翅、无足，终身居住在幼虫所形成的巢内。幼虫能吐丝，并与枝叶结成袋形的巢，背着行走。

幼虫

083.豹尺蛾

Dysphania militaris

门纲： 节肢动物门昆虫纲

目科： 鳞翅目尺蛾科

描述： 前翅端半部蓝紫色，后翅杏黄色，散布蓝紫色斑块。是一种颜色相当独特的蛾类，因为翅膀上黄黑两色的花纹跟豹纹相似，因而得名"豹尺蛾"。

　　成虫白天活动，飞翔能力较强，行动敏捷。幼虫黄色。蛹褐色，头部有眼形斑。寄主植物为红树科的竹节树，故豹尺蛾常见于红树林一带。

084.榕透翅毒蛾

Perina nuda

门纲： 节肢动物门昆虫纲

目科： 鳞翅目毒蛾科

描述： 雌雄异型。雄蛾羽化后前翅大部分鳞片脱落，前翅除了翅基以外呈透明状，体色为灰黑色。雌蛾全身及翅面皆呈乳白色。幼虫常见于桑科榕属植物叶面上，并在叶片上结棕绿色蛹。

寄主植物为桑科植物，如垂叶榕、菩提榕、薜荔、榕等。

▲ 羽化

▲ 幼虫

蛹

085.广州榕蛾

Phauda flammans

门纲： 节肢动物门昆虫纲

目科： 鳞翅目斑蛾科

描述： 也叫朱红毛斑蛾。头、胸红色；腹部黑色，两侧有红色的长毛；翅红色；臀区有 1 片大的深蓝色斑。

幼虫拟态鸟粪，可把树叶吃光，严重影响植物生长。寄主植物为桑科榕属植物，如榕树、高山榕、橡胶榕、青果榕、垂叶榕等。

幼虫

卵

▲ 成虫

▲ 低龄若虫

▲ 高龄若虫

086.荔枝蝽

Tessaratoma papillosa

门纲： 节肢动物门昆虫纲

目科： 半翅目荔蝽科

描述： 俗称臭屁虫。不完全变态。体长 2～3 cm，体盾形，棕黄色，触角、腹部、足常覆盖有白色蜡粉。有臭腺，开口在腹面中后胸交接处。

属于果树害虫，主要危害荔枝和龙眼。产卵于叶背，绝大部分荔蝽的卵数为14粒，卵前期淡绿色，临近孵化时呈红色。若虫共5龄，体色红色至深蓝色。

087.六斑月瓢虫

Cheilomenes sexmacualata

门纲： 节肢动物门昆虫纲

目科： 鞘翅目瓢虫科

描述： 雌雄异型。成虫体长3～5 mm。前胸背板黑色，翅鞘红色，左右各3条横向排列、长短不一的黑斑。成虫斑型变异多达20种以上，体色从黄色到金丝雀黄色各异。幼虫体仿锤形。蛹卵圆形，黄褐色。

　　主要捕食棉蚜、桃蚜、蚜虫、介壳虫等，是一种广谱性的食蚜瓢虫。分布广，寿命长，发生量和捕食量大，繁殖力强，在农业害虫防治方面具备较大的利用价值。

▲ 幼虫

▲ 蛹

▲ 吃蚜虫

088.黄翅蜻

Brachythemis contaminata

门纲： 节肢动物门昆虫纲

目科： 蜻蜓目蜻科

描述： 雌雄略异。成虫体长约 2～3 cm。雄虫复眼黄绿色，面部黄褐色，胸部浅红褐色，腹部橙红色，翅 3/4 浅橙色，1/4 透明，翅痣深红色。雌虫黄褐色。

成虫栖息于池塘、湖泊、水库、小溪及湿地等处。雄虫多停息在驳岸植物上。

089.玉带蜻

Pseudothemis zonata

门纲：节肢动物门昆虫纲

目科：蜻蜓目蜻科

描述：雌雄略异。成虫体长 3.8～4.2 cm。雄虫复眼棕绿色；面部白色；胸部黑色，侧面有 2 条倾斜的浅黄色窄条纹；腹部基部和末端一半黑色，腹部有一段亮白色；翅透明，翅痣黑色，后翅基部有大块黑色斑。雌虫黑褐色，胸部具有黄色条纹，白色腹节略带黄色。

常见蜻类之一。成虫出没在水边垂直树枝或植物上。雄虫有领地意识。

▲ 雄虫

▲ 雄虫

090.斑丽翅蜻

Rhyothemis variegata

门纲: 节肢动物门昆虫纲

目科: 蜻蜓目蜻科

描述: 又被称为"彩裳蜻蜓"。雌雄同型。成虫体长 3 ~ 4 cm。头蓝绿色,带有金属光泽;胸部黑色;翅琥珀色,带有不规则的深褐色斑纹,后翅较前翅宽;腹部黑色。

成虫颜值非常高,翅膀琥珀色与黄色夹杂,体色亮丽,可以说是蜻类中的"佼佼者"。常见于4~7月,于池塘、沼泽、湿地附近繁殖。稚虫在水中生活。肉食性。

091.黑尾灰蜻

Orthetrum glaucum

门纲： 节肢动物门昆虫纲

目科： 蜻蜓目蜻科

描述： 雌雄异型。翅大而透明，翅痣黄色，翅前缘具有黄色线纹。雄性成虫身体蓝粉色；腹部细长，末端有少量黑色；后翅基部有小型的深琥珀色斑；足黑色，具短刺。雌性身体黄褐色。

　　常年可见，常停息在溪流岩石、排水道边缘、路边等。

▲ 雄虫

▲ 雌虫

▲ 雄虫

092.赤褐灰蜻

Orthetrum pruinosum

门纲： 节肢动物门昆虫纲

目科： 蜻蜓目蜻科

描述： 雌雄异型。成虫体长约
3.2 ~ 3.7 cm。雄虫复眼蓝绿
色，面部黑色，胸部额褐色，
成熟个体会覆盖蓝灰色粉霜，
腹部红色，肛附器红色，翅痣
黑褐色，翅透明，翅脉黑色。
雌虫整体暗黄褐色。

常见蜻类之一。雄虫常
停息在繁殖地直立的枝杆或水
边岩石、植物上。

▲ 雄虫

093.黄猄蚁

Oecophylla smaragdina

门纲： 节肢动物门昆虫纲

目科： 膜翅目蚁科

描述： 工蚁分大小两种类型，大型体长 9 ~ 11 mm，小型体长 7 ~ 8 mm。体橙红色，被短毛。上颚长，咀嚼边宽，足细长，攀爬能力强。

　　群居社会性昆虫，树栖性。喜欢在树叶较密的树上筑巢。巢主要由幼虫吐出来的分泌物和植物叶子等黏结而成，椭圆袋状。黄猄蚁喜食蜜露，会与蚜虫、蚧虫等形成共生关系。

▲ 巢穴

094.红火蚁

Solenopsis invicta

门纲：节肢动物门昆虫纲

目科：膜翅目蚁科

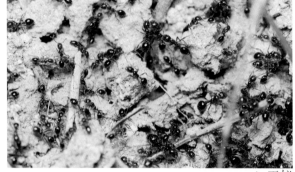

▲ 工蚁

描述：工蚁体长约 2.4 ~ 6.0 mm。工蚁和兵蚁都为没有生育能力的雌蚁，蚁后负责产卵。在冬季，红火蚁会把巢穴搬到道路或者建筑里过冬。原产于南美洲。

红火蚁常藏身于路边草丛的蚁丘中，外观如一堆疏松的沙堆。人或动物如果不慎踩到蚁丘，容易被它们攻击。一些体质敏感的人会产生过敏性反应，严重者会过敏性休克，甚至死亡。

卵鞘

▲ 雄虫

095.广斧螳

Hierodula petellifera

门纲：节肢动物门昆虫纲

目科：螳螂目螳科

描述：雄性长约 4.5 ~ 6.5 cm，雌性长约 6.5 ~ 7.5 cm。体绿色，前胸背板向两侧扩展，但不宽于头部；前翅近中部有长卵形白色斑；后翅浅绿色，透明；前足基节有 3 ~ 5 个黄色疣突。

　　广斧螳一般有 6 ~ 9 龄期，并常以卵越冬。卵鞘棕褐色，质地坚硬，附于植物枝杆上。翌年春夏期间，卵孵化后，众多幼虫从卵鞘爬出。常见于灌木丛中。

▲ 雌虫

蜘蛛和马陆基础知识

一、关于蜘蛛

蜘蛛不是昆虫，这是大众皆知的一个常识。

昆虫指的是昆虫纲内的生物，具有一对触角、两对翅膀、三对足，此外身体分为头、胸和腹三部分。

蜘蛛独立属于蛛形纲蜘蛛目，虽然同属于节肢动物门，但蜘蛛的身体分为两部分，头胸部和腹部，由小柄相连。蜘蛛有8条腿，8只单眼（大部分品种）；眼睛分为两行，即前眼列和后眼列；腹部有书肺及纺织器。

本书介绍的3种蜘蛛中，斑络新妇蛛和丰满新园蛛都属于常见的织网型蜘蛛，而白额巨蟹蛛则属于不织网的游猎型蜘蛛。

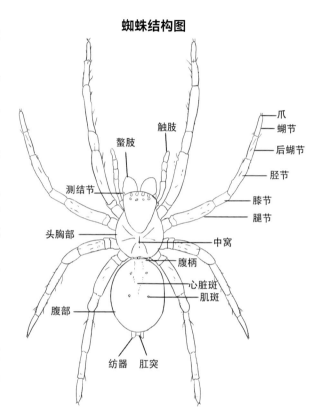

蜘蛛结构图

爪
蝠节
后蝠节
胫节
膝节
腿节
中窝
腹柄
心脏斑
肌斑
螯肢
触肢
测结节
头胸部
腹部
纺器
肛突

二、关于马陆

马陆又称千足虫，是一种陆生节肢动物。它体形呈圆筒形，分成头和躯干两部分。头上有一对粗短的触角；躯干由许多体节构成，多的可达几百节。除去第1节无足和第2～4节每节一对足外，其余每节有两对足。

马陆昼伏夜出，多栖息在潮湿耕地或枯枝落叶堆、瓦砾、石堆下，行动缓慢。植食性，多食腐殖质，有时损害农作物。受惊时，身体常卷曲成盘状。

马陆和蜈蚣经常会被人混淆，其实二者是有区别的，主要如下。

1.外形不同。马陆外形呈圆筒形，大颚1对；蜈蚣身体扁平，大颚1对，小颚两对。

2.马陆多数为植食性动物，少数为掠食性及腐食性动物；蜈蚣多数为肉食性动物。

本书介绍的两种马陆，都是我国广东省内常见的小型马陆。

096.斑络新妇蛛

Nephila pilipes

门纲： 节肢动物门蛛形纲

目科： 蜘蛛目园蛛科

描述： 又名人面蜘蛛。雌蛛体长 3.5 ~ 5 cm，足可达 18 cm，体黑色；雌蛛头、胸背面有近似人面的斑痕，因此在我国台湾省被称为"人面蜘蛛"；步足黑褐色，有黄色较宽的黄褐色环纹，有短粗刺。雄性体长 0.7 ~ 1 cm，红褐色，偶尔可见体色变异为全黑的个体。

斑络新妇蛛生活在树林间，织圆网，网直径可达 1 m。卵在地表覆盖物下面。雌雄体型差异大，雄性蜘蛛常在网边蹭吃。

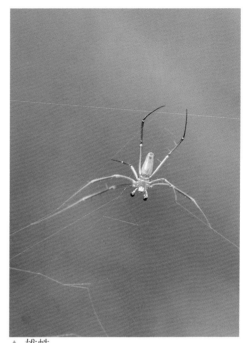

▲ 雄蛛

▲ 雌蛛

323

▲ 雌蛛

097.白额巨蟹蛛

Heteropoda venatoria

门纲： 节肢动物门蛛形纲

目科： 蜘蛛目巨蟹蛛科

描述： 又名白额高脚蛛。眼与口之间有一道白色横纹，因而得名。雌蛛体型较大，可达 3 cm，体宽短而扁平，灰褐色，具有灰白色及黑褐色斑纹，头部近圆形，头胸部无斑纹。雄蛛体型较小，体长约 2 cm，头后部有 1 对蝶形斑纹，似骷髅，腹部斑纹呈倒"八"字形。

▲ 雄蛛

常见于住房及附近。不织网，捕食各种昆虫，喜捕食蟑螂，被称为"蟑螂克星"。

098.丰满新园蛛

Neoscona punctigera

门纲: 节肢动物门蛛形纲

目科: 蜘蛛目园蛛科

描述: 又名茶色园蛛。雌蛛体长 1～1.3 cm；背甲赤褐色，带有灰色毛；胸板暗褐色，中央有一条淡色纵带；腹部卵形，背面有黑褐色长毛；体色变异大。雄蛛体型较小，体长约 0.7～0.9 cm；背甲红褐色，头部具有白色斑纹，腹部背面有明显的叶状斑。

分布于低海拔山区、田野和公园等处。常在林缘或路边结网。晚上织网，白天躲在落叶下。

▲ 捕食中

▲ 雌蛛

325

099.砖红厚甲马陆

Trigoniulus corallinus

门纲： 节肢动物门倍足纲

目科： 山蚰目厚山蚰科

描述： 身体圆柱形，长约 4～6 cm。体色为砖红色，脚红色。尾部圆滑，无明显尖翘。

　　白天有群聚行为，常成群躲藏于土中，晚上则分散于地面活动。遇到干扰时，身体会蜷缩起来，并分泌具有刺鼻味的液体来驱赶敌人。常见于水泥沟渠边缘、围墙、花园。

▲ 交配中

100.小红黑马陆

Leptogoniulus sorornus

门纲： 节肢动物门倍足纲

目科： 山蛩目厚山蛩科

描述： 体型较小，体长约 0.4 ~
0.5 cm。活体通常为黑色；体
节后缘具有深红色环带，色带
在体节上部较宽；头部和第 1 ~
3 节及身体腹面深紫红色或者巧
克力色；触角半透明的红灰色；
步足米黄色。

　　本种为世界性的广布种。

中文名索引（植物篇）

中文名索引（动物篇）

学名索引（植物篇）

学名索引（动物篇）

参考文献

[1] 刘阳,陈水华.中国鸟类观察手册[M].长沙:湖南科学技术出版社,2021.

[2] 深圳市野生动植物保护管理处,深圳市观鸟协会.深圳野生鸟类[M].成都:四川大学出版社,2009.

[3] 彩万志,李虎.中国昆虫图鉴[M].太原:山西科学技术出版社,2015.

[4] 陈锡昌.广州蝴蝶[M].澳门:读图时代出版社,2011.

[5] 徐讯,黄宝平,周行.深圳常见野生动物观察手册[M].北京:科学出版社,2019.

[6] 米红旭,符惠全.海南鹦哥岭两栖及爬行动物图鉴[M].海口:南海出版公司,2019.

[7] 王瑞江.广东湿地植物[M].郑州:河南科学技术出版社,2021.

[8] 刘凌云,郑光美.普通动物学[M].4版.北京:高等教育出版社,2009.

[9] 郭盛才.广东湿地类型及其分布特征研究[J].广东林业科技,2011,27(1):85-89.

鸣谢部分图片提供者（排名不分先后）：

陆千乐、蓝溪、岑鹏、PICA、周哲、BX、梅花、何尝、南宁娟子

图书在版编目(CIP)数据

广东中山翠亨国家湿地公园动植物图鉴 / 汤景林, 张蒙, 凌仲铭主编. – 武汉：华中科技
大学出版社, 2023.1
ISBN 978-7-5680-8949-4

Ⅰ. ①广… Ⅱ. ①汤… ②张… ③凌… Ⅲ. ①沼泽化地 – 国家公园 – 植物 – 中山 – 图集
Ⅳ. ①Q948.526.54–64

中国版本图书馆CIP数据核字(2022)第229834号

广东中山翠亨国家湿地公园动植物图鉴
Guangdong Zhongshan Cuiheng Guojia Shidi Gongyuan
Dongzhiwu Tujian

汤景林　张　蒙
凌仲铭　　　　主编

出版发行：华中科技大学出版社（中国·武汉）　　　电话：（027）81321913
地　　　址：武汉市东湖新技术开发区华工科技园　　　邮编：430223
出 版 人：阮海洪

策划编辑：段园园　　　　　　　　　　　装帧设计：广州林芳生态科技有限公司
责任编辑：段园园　范　晴　　　　　　　责任监印：朱　玢

印　　刷：深圳市新佳佳彩印刷有限公司
开　　本：710 mm × 1000 mm　1/16
印　　张：21.5
字　　数：207 千字
版　　次：2023年1月第1版 第1次印刷
定　　价：298.00元